Horst Wilkens • Ulrike Strecker

Teneriffa

Blaue Finken • Blütenpracht

Natur-Reiseführer

für eine faszinierende Vulkaninsel

im Kanarischen Archipel

W0173550

NATURALANZA Ulrike Strecker

Die Autoren

Dr. Ulrike Strecker und Prof. Dr. Horst Wilkens sind Biologen der Universität Hamburg. Ihr Spezialgebiet ist die Evolution und Entstehung neuer Arten. Die Autoren haben während zahlreicher Aufenthalte auf Teneriffa mit Begeisterung eine fundierte Kenntnis der verschiedenen Lebensräume und ihrer einzigartigen Tier- und Pflanzenwelt erworben und dies in einer Fülle von Fotos dokumentiert. Nach zwei Büchern über die Natur der Kanarischen Insel Lanzarote haben sie ihr Wissen in einem Natur-Reiseführer für die faszinierende Insel Teneriffa zusammengefasst.

Umschlagsfotos
Vorderseite: Teidefink, Wildpret-Natternkopf und der Vulkan Teide
Rückseite: Nordküste des Anagagebirges, Kanarischer Zitronenfalter

© 2014 NATURALANZA Ulrike Strecker
Heinrich-Barth-Str. 21 • 20146 Hamburg, Germany
E-Mail: info@naturalanza.com
www.naturalanza.com
1. Auflage 2014
ISBN: 978-3-942999-04-5

Inhalt

Einleitung

„Gleichsam an der Pforte der Tropen und doch nur wenige Tagereisen von Spanien gelegen, hat Teneriffa schon ein gut Theil der Herrlichkeit aufzuweisen, mit der die Natur die Länder zwischen den Wendekreisen ausgestattet. Im Pflanzenreich treten bereits mehrere der schönsten und großartigsten Gestalten auf. Wer Sinn für Naturschönheit hat, findet auf dieser köstlichen Insel kräftigere Heilmittel als das Klima. Kein Ort der Welt scheint mir geeigneter, die Schwermuth zu bannen und einem schmerzlich ergriffenen Gemüthe den Frieden wieder zu geben."

So schrieb der große deutsche Naturforscher Alexander von Humboldt, als er sich 1799 auf Teneriffa aufhielt. Auch heute noch ist dieser Zauber trotz aller Eingriffe des Menschen erhalten. Wenn man sich der Insel Teneriffa zu Wasser oder zu Luft nähert, so ist man zunächst überwältigt von der einzigartigen Erscheinung des im Winter schneebedeckten Vulkans Teide. Majestätisch schwebt er über allem. Mehr als es bei allen anderen Kanarischen Inseln der Fall ist, erhält Teneriffa durch ihn sein unvergessliches und einzigartiges Gepräge. Die Insel bietet aber noch weitere, im ersten Moment weniger offenkundige Besonderheiten. Bizarre Phänomene des Vulkanismus verbinden sich hier

eng mit der einzigartigen Biologie der Insel. Tiere und Pflanzen, die nur hier vorkommen und uns fremdartig erscheinen, wüstenartige Lebensräume und nasse, aus uralter Zeit stammende Lorbeerwälder erwarten den Besucher. Hier haben sich Lebensprozesse auf engstem geografischem Raum vollzogen, die normalerweise ganze Kontinente erfassen und unendliche Zeiträume überspannen.

Oben: Die nur auf Teneriffa und Gomera vorkommende Blaumeise
Rechts: Blick vom Pass zwischen Santiago del Teide und Masca auf den majestätischen Teide, im Vordergrund die Dunkelpurpurrote Wolfsmilch

Die goldenen Äpfel der Hesperiden

Zwölf Arbeiten waren dem griechischen Sagenheld Herakles von Eurystheus, König des antiken Mykene, zur Sühne des in geistiger Umnachtung vollführten Mordes an seiner Frau und seinen drei Kindern auferlegt. Als elfte sollte er einige goldene Äpfel der Hesperiden, der Töchter des Weltenträgers Atlas, rauben. Der Sage nach hüteten sie zusammen mit dem vielköpfigen Drachen Ladon einen Baum mit goldenen Äpfeln in einem wunderschönen Garten, der am westlichen Ende der antiken Welt lag. Die besondere Bedeutung dieser Früchte lag darin, dass sie den Göttern ewige Jugend verliehen. Herakles suchte Atlas auf und um den Kampf mit dem Drachen zu vermeiden, bewog er ihn, die Äpfel für ihn zu pflücken. Dafür bot er ihm an, das

Frucht der endemischen Kanaren-Glockenblume - der goldene Apfel der Hesperiden?

Firmament zu tragen. Atlas willigte ein. Als dieser aber die Äpfel brachte, bat Herakles ihn, die Last der Welt

Männchen von Eisentrauts Kanareneidechse, ein kleiner Bruder des sagenumwobenen Drachens Ladon

noch einmal kurz zu übernehmen, damit er selbst das Gewicht besser schultern könne. Der gutgläubige Atlas ließ sich hierauf ein – und trägt das Firmament bis heute.

Kenner der griechischen Sagenwelt äußern die reizvolle Vermutung, dass es sich bei dem wunderschönen Garten der Hesperiden um die Kanarischen Inseln handeln könne, von denen antike Seefahrer nach ihrer Rückkehr von weiter Fahrt Sagenhaftes berichtet haben könnten. Es wird gemutmaßt, dass die hier vor noch nicht langer Zeit ausgestorbenen, bis zu eineinhalb Meter großen Teneriffa-Rieseneidechsen das Vorbild für die phantasievolle Schöpfung des Drachen Ladon abgegeben haben könnten. Und auch die goldenen Äpfel lassen sich noch heute entdecken. Meist wird angenommen, dass es sich um die Früchte des Kanarischen Erdbeerbaumes handeln würde. Allerdings wachsen diese nicht einzeln, sondern ähnlich wie Weintrauben an verzweigten Rispen und sind, wie der Name der Pflanze sagt, einer Erdbeere ähnlich. Außerdem dürften sie den antiken Seefahrern ohnehin aus ihrer Heimat im Mittelmeerraum vertraut gewesen sein und damit schwerlich das Substrat für Legendenbildung abgegeben haben. Möglicherweise handelte es sich aber um die drei bis vier Zentimeter großen Früchte der nur auf den westlichen Kanarischen Inseln wachsenden Kanaren-Glockenblume, die - kleinen Äpfeln in Form und Farbe ähnlich - golden vor dem Dunkel des Lorbeerwaldes leuchten. Im Gegensatz zur im rohen Zustand zwar genießbaren, aber nicht sehr schmackhaften Frucht des Erdbeerbaumes, sind sie süß und verlockend. Sie dürften für die

Die bis zu sechs Zentimeter große Blüte der Kanaren-Glockenblume wird auch von einigen Vögeln bestäubt.

Menschen genauso wie für die Rieseneidechsen eine begehrenswerte Nahrung gewesen sein. Auch daher könnte die Sage stammen, die goldenen Äpfel seien von einem Drachen bewacht worden.

Die zwei bis drei Zentimeter großen Früchte des Kanarischen Erdbeerbaumes

Alexander von Humboldt:
Begeisterter Erforscher von Teneriffa

Es war der deutsche Forscher Alexander von Humboldt (1769-1859), der sich während eines Zwischenaufenthaltes auf seiner berühmten Forschungsreise nach Südamerika im Jahre 1799 auf Teneriffa aufhielt und die Insel in das Bewusstsein der internationalen Naturwissenschaft rückte. Trotz der geringen Dauer seines Aufenthaltes von nur einer einzigen Woche erreichte von Humboldt wissenschaftlich Bemerkenswertes. Während des Aufstieges von der Küste zum Gipfel des Teide kartierte und beschrieb er die Abhängigkeit der Pflanzenarten von den

Das Teide-Veilchen wurde von Alexander von Humboldt und seinem Reisebegleiter Aimé Bonpland entdeckt.

jeweiligen Höhenstufen. Durch diese Arbeit legte er die Grundlagen für unser heutiges Bild der Vegetation der Kanaren. Er zeigte, dass vor allem das Vorhandensein von Wasser und die Temperatur das Vorkommen der jeweiligen Pflanzenarten bestimmten. Hierfür sind einerseits die Geländehöhe und andererseits die Position auf der Nord- oder der Südseite der Insel entscheidend. Nicht zuletzt erkannte er, dass aus dem hier lebenden Kanarengirlitz die in Europa weit verbreiteten, sangesfreudigen Kanarienvögel hervorgegangen waren, und entdeckte als neue Art das wunderschöne Teide-Veilchen in 3510 Meter Höhe.

Angeregt durch von Humboldt hatte eine ganze Reihe von Wissenschaftlern und Naturbegeisterten den Wunsch, die Kanarischen Inseln zu besuchen. So wollte auch der große Naturforscher Charles Darwin (1809-1882) am Beginn seiner berühmten Forschungsreise um die Erde Teneriffa auf den Spuren Humboldts

erkunden. Als aber sein Schiff, die *Beagle*, im Januar 1832 im Hafen von Santa Cruz de Tenerife lag, blieb ihm dies zu seinem großen Leidwesen jedoch verwehrt. Er durfte nicht an Land gehen, weil wegen des Auftretens der Cholera in England die spanischen Behörden eine Quarantänezeit von 12 Tagen für alle Besatzungen der von dort eintreffenden Schiffe vorgeschrieben hatten. Dies dauerte dem Kapitän der *Beagle* zu lange und so setzte er seine Reise fort. Darwin schrieb an seinen Vater: „Zwischen Teneriffa und Gran Canaria gerieten wir für zwei Tage in eine Flaute. Der Anblick war herrlich: Der Pico del Teide zeigte sich zwischen den Wolken wie eine andere Welt. Der einzige Nachteil war unser großes Verlangen, diese herrliche Insel zu besuchen."

Vulkanismus und Geologie

Die Kanarischen Inseln sind durch vulkanische Tätigkeit entstanden und geologisch betrachtet relativ jung. Das Alter der einzelnen Inseln nimmt von Ost nach West ab. Am ältesten ist die Afrika am nächsten gelegene, 21 Millionen Jahre alte Insel Fuerteventura, während das am weitesten westlich im Atlantik gelegene El Hierro und La Palma sich erst vor 1,5 und 3 Millionen Jahren gebildet haben. Teneriffa begann sich vor rund 11,6 Millionen Jahren aus dem Meer zu heben.

Interessanterweise entwickelte sich diese große Insel aus zunächst drei voneinander getrennten, unterschiedlich alten Teilbereichen, dem Anagagebirge im Nordosten, dem Tenogebirge im Nordwesten und dem Roque del Conde im Südwesten. Erst durch weitere Eruptionen wuchsen sie zusammen. Vor etwa 3,5 Millionen Jahren hob sich zwischen ihnen im Bereich des heutigen Teide ein riesiges Vulkanmassiv aus dem Meer. Von diesem wurde lange Zeit angenommen, dass es schließlich in die darunter liegende, bei seiner Entstehung zuvor entleerte Magmakammer einbrach und sich dadurch eine von Gebirgsrändern umgebene Ebene bildete, die etwa den Bereich der heutigen Cañadas umfasste. Neuere geologische Forschungen zeigen jedoch, dass das Vulkanmassiv auf Grund seiner Höhe instabil wurde und die Gesteinsmassen über die Nordseite der Insel ins Meer abrutschten. An dessen Grund ist dadurch eine riesige, noch heute auffindbare unterseeische Trümmerlawine entstanden. Der am höchsten gelegene Teil, das „Kopfende" dieses sogenannten Flankenabbruches, entspricht den heutigen Cañadas, wobei die Montaña de las Cañadas sowie die Roques de García als die einzigen Reste dieses uralten Vulkanmassivs gedeutet werden.

Am Rande der so entstandenen Ebene erhoben sich in einer dritten

Der von hellem Bimsstein überzogene farbprächtige Montaña Blanca entstand erst vor 2000 Jahren.

Der Roque de Tai überragt den Barranco de Afur. Diese spitz aufragenden Felsnadeln des Anagagebirges bestehen aus der in den Schloten erkalteten Lava von Vulkanen, die bereits seit langer Zeit erodiert sind.

Phase vor wenigen Tausend Jahren in wiederholten Eruptionen der 3718 Meter hohe Pico del Teide und sein westlicher Nachbarvulkan Pico Viejo, der mit 3134 Metern der zweithöchste Gipfel der Kanaren ist. Ihre Lava floss in die Cañadas und formte diese nachhaltig. Bis in jüngste Zeit kam der Vulkanismus auf Teneriffa nicht zur Ruhe und es erfolgten immer wieder kleinere Vulkanausbrüche. So entstand der am Fuße des Teide gelegene Montaña Blanca vor 2000 Jahren. Der letzte Ausbruch fand 1909 am Chinyero statt, einem 1556 Meter hohen Schlackenkegel. Asche und die glühenden Lavamassen bedeckten damals eine über zwei Quadratkilometer große Fläche und kamen erst dicht vor dem Ort Santiago del Teide zum Stillstand.

Das wild gezackte Anagagebirge gehört zu den ältesten Teilen der Insel.

Aus den Nasenlöchern oder Narices del Teide floss die schwarze Lava während des letzten Vulkanausbruchs im Jahre 1798.

1704 und 1705 vernichteten Lavamassen des Volcán de Garachico weite Teile der unter ihm gelegenen Stadt mitsamt ihrem Hafen. Innerhalb der Cañadas ereignete sich der letzte Ausbruch im Jahre 1798 an den *Narices del Teide*, den „Nasenlöchern des Teide", die an der Flanke des Pico Viejo liegen. Zwei mächtige, deutlich sichtbare schwarze Lavazungen ergossen sich aus ihnen in die Cañadas.

Die Insel Teneriffa hat die Gestalt einer Pyramide mit dreieckigem Grundriss. Sie ragt aus 3500 Meter Tiefe vom Meeresboden auf und erreicht insgesamt eine Höhe von 7000 Meter. Damit ist der Teide der drittgrößte ozeanische Vulkan der Erde. Neben dem Vulkanismus haben verschiedene seitliche Flankenabbrüche einiger Vulkane das Landschaftsbild geformt. Auf diese Weise entstanden das Tal von Icod, das Tal von Güimar, die Ebene Teno Bajo und das Orotavatal vor 370 000 bis 650 000 Jahren. Das Gesteinsmaterial der Flankenabbrüche stürzte in Form von Lawinen weit in den Ozean und bedeckt am Meeresboden eine viel größere Fläche als Teneriffa selbst.

Frische Pahoehoe-Lava im Malpaís de Güimar

Landschaftsprägend sind zudem die radial aus dem Inneren der Insel zur Küste verlaufenden Barrancos. Es sind Kerbtäler, die vom Wasser erodiert und auf Grund ihres jungen geologischen Alters noch messerscharf mit steilen Wänden tief ins Gestein schneiden.

Rosen aus Stein,
Orgelpfeifen, Teide-Eier

Die Paisaje Lunar ist durch die Erosion von Tuffstein entstanden.

Teneriffa bietet vulkanologische Phänomene in großer Zahl und ist auch für geologisch interessierte Besucher ein El Dorado. Der Vulkanismus verleiht der Landschaft durch Form und Farben, wie sie durch die chemische Zusammensetzung sowie die Entstehungs- und Abkühlungstemperaturen des vulkanischen Materials verursacht werden, ein bizarres Gepräge von hoher Ästhetik. Die aus aktiven Vulkanen strömende Lava erstarrt an der Erdoberfläche in Abhängigkeit von ihrer Temperatur und dem Gasgehalt in unterschiedlicher Weise. So entsteht aus dünnflüssiger Lava eine glatte, gut begehbare Oberfläche, die Pahoehoe-Lava genannt wird. Dieser hawaiianische Ausdruck bedeutet Barfußlava, da die Hawaiianer auf ihren Inseln diese Lava barfuß betreten konnten. Oder aber es bildet sich aus zähflüssigem Material die scharfkantige, unbegehbare Aa-Lava (Brockenlava). Auf Teneriffa gibt es beides.

Die in dicker Schicht liegende heiße Lavamasse erstarrt bei Abkühlung zu meterlang in die Tiefe ragenden sechseckigen Säulen. *Los Organos* bei Aguamansa demonstrieren dies besonders deutlich. Hier bilden orgelpfeifengleich tausende dieser Säulen die hoch aufragende Felswand. Auf vergleichbare Weise erhielt die an der Straße von La Orotava auf den Teide gelegene Basaltrose, die *Rosa de Piedra*, ihre Form. In ihrem Falle erkaltete ein in einem schmalen Lavagraben oder einem Barranco abfließender Lavafluss gleichzeitig von allen Seiten, wodurch sich die kristallisierenden Basaltsäulen radial zum Mittelpunkt ausrichteten. Sehr häufig kann man meterbreite, vertikale oder leicht schräge Gesteinsgänge, Dykes genannt, in den Felswänden erkennen, die in ihrer Struktur vom umgebenden Gestein abweichen. Sie bilden sich, wenn beim Abkühlungsprozess aufreißende Spalten mit flüssiger Lava aufgefüllt werden.

Erfolgt die Eruption der Vulkane explosionsartig, werden unverfestigte Auswurfgesteine in die Luft geschleudert, die als Tephra bezeichnet werden. Nach der Korngröße werden sie unter 2 Millimeter als Aschen und von 2 bis 64 Millimeter als Lapilli bezeichnet. Wenn sie größer als 64 Millimeter sind, nennt man sie Bomben oder Blöcke, je nachdem ob sie rund oder eckig ge-

Los Huevos del Teide, die Teide-Eier: riesige Vulkanbomben von mehreren Metern Durchmesser sind glühend heiß den Hang des Teide hinabgerollt und dann erkaltet.

formt sind. Die imposanten *Huevos del Teide* oder Teide-Eier, die man bei der Besteigung des Teide am Fuße des Montaña Blanca bestaunen kann, sind riesige Bomben von mehreren Metern Durchmesser. Sie wurden unter hohem Druck ausgeworfen und rollten unterschiedlich weit den Hang des Teide hinab. Dabei nahmen sie ihre runde Form an und erhärteten.

Wenn bei einer Eruption flüssige Lava durch Wasserdampf und Kohlendioxid aufgeschäumt wird, entsteht Bims. Derartiges Gestein ist so porenreich, dass es auf Grund seiner geringen Dichte an der Wasseroberfläche schwimmt. An mancher der Küsten Teneriffas kann man kleine, von der Brandung zerriebene Bimsbröckchen in einem breiten Saum angeschwemmt finden. Eine besonders eindrucksvolle Landschaft aus Tuff hat sich in der Paisaje Lunar bei Vilaflor gebildet. Hier hat sich ein bizarres Relief durch Erosion in den weichen Stein geschnitten, weshalb diese Gegend einer Mondlandschaft gleicht.

Rosa de Piedra, ein meterhohes vulkanisches Gebilde, dessen Form an eine Rose erinnert.

Bei rascher Abkühlung erstarrt Lava mit geringem Wassergehalt zu einer Schmelze, die keine regelmäßigen Kristallstrukturen aufweist. Dieses meist glänzend dunkelgrün bis schwarz gefärbte Glas ist Obsidian, der an vielen Lavaflüssen in den Cañadas zu finden ist.

Auf Flößen, fliegend und als blinde Passagiere

Die Samen der Pleiomeris gelangten ursprünglich als Nahrung im Magen der Vorfahren der Lorbeertauben nach Teneriffa.

Die Kanaren sind isoliert im Meer durch Vulkantätigkeit entstanden. Besonders interessant ist deshalb, welche Pflanzen und Tiere diese Inseln besiedeln. Dabei spielen die Entfernung von der nächsten kontinentalen Küste, die unterschiedliche Ausbreitungsfähigkeit von Arten und nicht zuletzt der Zufall eine Rolle. Es existiert also im Prinzip ein unsichtbarer Filter, der nur einer begrenzten Auswahl von Arten die Besiedlung ermöglicht. Unter den Tieren sind von Natur aus flugfähige Arten begünstigt. So wechseln bestimmte Vögel und Insekten noch heute zwischen Festland und den Kanarischen Inseln sowie auch zwischen den verschiedenen Inseln. Manche Spinnenarten können sich durch sogenanntes *ballooning* ihrer

Flugstarke Insekten wie die Große Königslibelle erreichen Teneriffa ohne Schwierigkeiten.

Jungtiere ausbreiten. Sie nutzen ihre abgeschossenen Spinnfäden, um sich vom Wind verdriften zu lassen. Andere Arten erreichten die Inseln durch eine meist unfreiwillige Mitfahrgelegenheit auf Baumstämmen oder Treibholz. Auf diese Weise besiedelten wahrscheinlich die Vorfahren der Eidechsen, des Geckos und des Skinks Teneriffa. Reptilien können solch eine Reise überstehen, da sie auf Grund ihres besonderen Stoffwechsels längere Zeit ohne Trinkwasser auskommen können und auch die Benetzung der Körperoberfläche mit Salzwasser vertragen. Im Gegensatz hierzu hat allein wegen ihrer kaum Schutz gegen das salzige Meerwasser bietenden dünnen Haut kein einziger Frosch- oder Schwanzlurch die Überfahrt nach Teneriffa geschafft. Alle hier heute lebenden Amphibien verdanken dies dem Menschen. Und auch Säugetiere, die ohne regelmäßiges Trinken nicht lange leben, hatten es schwer. Bis auf die flugfähigen Fledermäuse hat als einzige an Land lebende Art der Vorfahre der heute ausgestorbenen

Riesenratte Teneriffa erreicht. Kein einziger ausschließlich im Süßwasser lebender Fisch hat es geschafft. Allein die aus dem Süßwasser zum Ablaichen in die Sargassosee im Westatlantik ziehenden und damit salziges Meerwasser vertragenden Aale konnten die Bäche der Barrancos besiedeln.

Auch Pflanzen mit flugfähigen Samen, wie die Korbblütler oder die Seidenpflanzengewächse, konnten mit dem Wind auf die Kanaren gelangen. Andere waren Bestandteil des Treibguts, mit dem auch viele Tiere nach Teneriffa gelangten. Wieder andere nutzten aber noch eine sehr spezielle Möglichkeit der „Überfahrt": Sie können im Darm der Vögel hierhin gelangt sein. Etliche Pflanzenarten werden verbreitet, indem ihre Samen teilweise sogar erst nach solch einer

Der Vorfahre des endemischen Geckos gelangte im Treibholz mit den Meeresströmungen an die Küsten Teneriffas.

Darmpassage keimen können. So ist anzunehmen, dass die Vorfahren der Lorbeertauben sozusagen die Grundlage des Lorbeerwaldes selbst „gelegt" haben, von dessen Früchten ihre Nachkommen heute leben.

Die Samen der Glatten Baumschlinge hängen an Fallschirmen und werden vom Wind weit getragen.

Aus einer Art werden viele – ein Galapagos im Atlantik

Aus dem Meer auftauchende vulkanische Inseln sind Naturlabore, in denen die aufregenden Prozesse der Entwicklung von Pflanzen und Tieren zu neuen Arten gleichsam im Zeitraffer beobachtet werden können. Die Besiedlung der Kanarischen Inseln erfolgte vor allem aus dem benachbarten Nordafrika und von der Iberischen Halbinsel. Viele der Arten, die ursprünglich auf Teneriffa ankamen, sind jedoch nicht dieselben geblieben. Auf Grund der räumlichen Trennung haben sie sich im Laufe der Zeit genetisch so verändert, dass sie sich zu eigenständigen Unterarten oder sogar neuen Arten entwickelt haben.

Die räumliche Trennung ist jedoch nicht die einzige Möglichkeit, wie auf den Kanarischen Inseln neue Arten entstanden sind. Hätte Darwin das Glück gehabt, auf Teneriffa an Land gehen zu dürfen, so hätte er bereits hier und nicht erst auf den Galapagosinseln Beobachtungen machen können, die später wesentlich zur Entstehung der von ihm formulierten, bahnbrechenden Evolutionslehre beigetragen haben. So hat er auf den Galapagosinseln die berühmten Darwin-„Finken" sowie die weniger bekannten, für Darwins

Denken aber weitaus bedeutsameren Spottdrosseln entdeckt. Er erkannte, dass sich aus einer einzigen Spottdrosselart vier und aus einer „Finkenart" sogar vierzehn neue Arten entwickelt hatten. Sie unterscheiden sich vor allem durch ihre Schnabelformen, mit denen sie unterschiedliche Nahrung aufnehmen.

Im Ozean sind immer wieder durch Vulkantätigkeit isolierte Inseln entstanden, wie z. B. die Galapagos- und die Hawaii-Inseln, aber auch die Kanaren. Aufgrund ihrer weiten Entfernung zum nächsten Kontinent können diese nur von einer begrenzten Zahl von Arten besiedelt werden. Daher sind zunächst etliche der vorhandenen Lebensräume ungenutzt. Sie bieten erfolgreichen Neubesiedlern eine Chance,

Die grelle Farbe der Cinerarien wirkt fast kitschig. Mehrere endemische Arten sind auf Teneriffa entstanden. Oben: Igelhüllkelch-Cinerarie unten:Wollige Cinerarie

diese zu besetzen. Pflanzen erobern neue Standorte und Tiere erschließen sich andere Nahrungsresourcen. Mit der Zeit erreichen sie eine immer bessere Anpassung und Spezialisation.

Auf diese Weise entwickeln sich aus einer einzigen Ausgangsart mehrere neue Arten, die sich nicht mehr untereinander vermehren können. Dieser Prozess wird als anpassende Aufspaltung oder adaptive Radiation bezeichnet. Auch auf den Kanarischen Inseln fand das Entstehen neuer Arten durch anpassende Aufspaltung statt. Besonders auf Teneriffa war die Entwicklung der Vielfalt durch die enormen Höhenabstufungen vom Meer bis zum Gipfel des Teide sowie die vom Passat bedingte Ungleichheit zwischen Nord- und Südseite begünstigt. Daher besitzt Teneriffa im Vergleich mit den anderen Kanarischen Inseln den größten Reichtum an sogenannten endemischen Arten. Endemische Arten sind solche, deren Verbreitung auf ein bestimmtes Gebiet beschränkt ist. Sie kommen beispielsweise ausschließlich auf Teneriffa oder gleichfalls auf mehreren der Kanarischen Inseln vor. Im Gegensatz zu den Pflanzen ist die anpassende Aufspaltung in der Tierwelt

Einige der Gänsedisteln gleichen einem riesigen Löwenzahn. Oben rechts: Stängellose Gänsedistel, Mitte: Baum-Gänsedistel, unten: Kanaren-Gänsedistel

Teneriffas nicht so auffallend und spektakulär, was vermutlich auch an der geringen Größe und versteckten Lebensweise der Tiere liegt. Zu den am meisten beeindruckenden Beispielen unter den Pflanzen gehören Dickblatt- und Wolfsmilchgewächse, Kanarenmargeriten, Gliedkräuter, Strandflieder, Cinerarien und nicht zuletzt die Gänsedisteln, von denen einige aufgrund ihres Aussehens und ihrer Größe als „Riesenlöwenzahn" bezeichnet werden. Auf den Kanarischen Inseln insgesamt gibt es ungefähr 6000 wirbellose Tierarten, von denen etwa die Hälfte endemisch ist: beispielsweise Schnecken mit 85, Spinnen mit 100, Asseln mit 18, Doppelfüßer mit 46, Wanzen mit 50 und Käfer mit 260 Arten. Von den 1000 Gefäßpflanzen der Kanaren ist dagegen „nur" knapp ein Drittel endemisch.

Die Dickblattgewächse haben sich in ganz unterschiedliche Arten entwickelt. Oben: Parlatore-Aichryson, Rosette des Tellerförmigen Aeoniums; Mitte: napfförmige Rosette der Gold-Greenovia, Bestände des Pseudostadt-Aeoniums, Lockerblättriges Aichryson; unten: Baum-Aeonium, Stadt-Aeonium auf Hausdach, Kleinst-Monanthes

Bunte Natternköpfe

Ein besonders schönes Beispiel für die Entstehung neuer Arten durch anpassende Aufspaltung oder adaptive Radiation bieten die verschiedenen, zu den Raublattgewächsen zählenden Natternkopfarten. Auf Teneriffa haben sich aus einer einzigen Ursprungsart elf neue, an die verschiedenen Lebensräume angepasste Arten entwickelt.

Der „tierische" Name dieser Pflanzen leitet sich von der Form ihrer Einzelblüten ab, aus denen die Griffel wie eine Natternzunge hervorragen. Die Ursprungsart dürfte dem Bonnet-Natternkopf ähnlich gewesen sein, einer sehr kleinen, blau blühenden, einjährigen Pflanze. Alle anderen neu entstanden Arten sind dagegen mehrjährige, verholzte Pflanzen, die

die unterschiedlichsten Biotope und Regionen besiedeln. Am eindrucksvollsten ist der in den Cañadas und angrenzenden Gebieten in 1800 bis 2300 Meter Höhe rot blühende Wildpret-Natternkopf. Diese Art entwickelt kerzenartige unverzweigte Blütenstände von bis zu drei Metern

Oben: Der bis zwei Meter hohe Strauch des nur auf Teneriffa vorkommenden Grünlichen Natternkopfes lockt mit seinen zahlreichen kerzenförmigen Blütenständen viele Insekten an.
Unten: Blüten des Grünlichen Natternkopfes mit den herausragenden Staubgefäßen und den namensgebenden gespaltenen, an eine Natternzunge erinnernden Griffeln

Höhe mit Tausenden, in engen Doppelwickeln angeordneten Blüten. Diese blühen nacheinander auf, beginnend an der Basis bis zur Spitze. Dadurch kann der Blütenstand über einen längeren Zeitraum von Insekten zur Bestäubung aufgesucht werden. Dies stellt möglicherweise eine Anpassung an die

relative Artenarmut derartiger Insekten auf Teneriffa dar. Ähnlich verhält es sich mit dem etwa gleich großen weiß blühenden Einfachen Natternkopf des nordöstlichen Anagagebirges. Wegen ihrer verdickten Pfahlwurzel und des kurzen Stammes bezeichnen Botaniker beide auch als Rosettenbäume. Sie wachsen über mehrere Jahre heran und blühen nur einmal. Danach sterben die Pflanzen. Zu dieser Gruppe gehört auch der in den Cañadas auf lockerem Bimsgrus wachsende Auber-Natternkopf mit seinen verzweigten, bis zu eineinhalb Meter hohen blau blühenden Blütenständen.

Die verschiedenen Natternkopfarten variieren in Größe und Blütenfarbe.
Oben: Der Bonnet-Natternkopf ist die kleinste Art.
Mitte: Der Auber-Natternkopf wächst im Bimsgestein der Cañadas.
Unten: Stacheliger Natternkopf

Die prächtige und wohl eindrucksvollste Pflanze Teneriffas, der Wildpret-Natternkopf, wächst in der Höhe der Cañadas und wird bis zu drei Meter hoch.
Der bis zu zwei Meter hohe Einfache Natternkopf findet sich ausschließlich im Nordosten des Anagagebirges.

An offenen Stellen in tieferen Lagen wächst der bis zwei Meter hohe, stark verzweigte Grünliche Natternkopf. Er trägt am Ende seiner vielen Zweige zylindrische Blütenstände. Im Anagagebirge im Nordosten Teneriffas findet man den Riesengroßen Natternkopf, der bis zu zweieinhalb Metern hoch werden kann. Er ist vielfach verzweigt und bildet einen breit kegelförmigen weißen Blütenstand.

Neben diesen endemischen Natternkopfarten Teneriffas gibt es etliche andere, die wie der Bonnet-Natternkopf zusätzlich auch noch auf den anderen Inseln vorkommen: der Stachelige Natternkopf mit weißen Blüten und stachligen Blättern, der Steife Natternkopf vor allem auf der Nordseite der Insel, und der Schlichte Natternkopf an trockenen Stellen im Süden. Als einzige durch den Menschen eingeschleppte Natternkopfart dominiert der Wegerich-blättrige Natternkopf großflächig blau blühend auf Brachflächen und an Wegrändern. Er ist leicht durch seine breiten, eng am Boden liegenden Blätter zu bestimmen.

Ein biologisches Fenster in die Vergangenheit

Die Besiedlung der dem Atlantik entwachsenden Kanarischen Inseln durch Tiere und Pflanzen begann bereits im Zeitalter des Tertiärs vor vielen Millionen Jahren. Während sich in ihren Herkunftsgebieten im Mittelmeerraum das Klima abkühlte und die Zusammensetzung der Tier- und Pflanzengemeinschaften dadurch veränderte, gewährte das durch die ozeanische Lage der

Die Früchte des zu den Lorbeergewächsen gehörenden Barbusano sind eine Hauptnahrung der Lorbeertauben. Die auf der Blattoberseite erkennbaren Beulen werden durch eine auf diesen Baum spezialisierte Milbe verursacht.

Kanarischen Inseln bedingte ausgeglichene Klima diesen weiterhin Existenzmöglichkeiten. Die Kanarischen Inseln geben daher Hinweise auf frühere geografische Verbreitungsmuster von Tieren und Pflanzen auf unserem Planeten, die durch Fossilfunde bestätigt wurden. Das wohl eindrucksvollste Beispiel hierfür bietet der Lorbeerwald, der von Wäldern abstammt, die sich vor 20 Millionen Jahren im Erdzeitalter des Tertiärs um das Mittelmeer

Mitte: Der Kanarische Bläuling kommt in den höheren Regionen Teneriffas vor. Unten: Die Blätter der Indischen Persea nehmen eine prächtige Rotfärbung an, bevor sie absterben und zu Boden fallen.

Die Balsam-Wolfsmilch hat sich an die Meeresnähe gut angepasst und ist sehr anspruchslos. Sie verträgt starke Trockenheit und Salz.

herum entwickelt hatten. Die heutigen Lorbeerwälder sind also Überbleibsel und Nachkommen einer früheren erdgeschichtlichen Epoche. Ihr Besuch entführt in längst vergangene Zeiten. Die ursprünglich geschlossenen Verbreitungsgebiete anderer Arten wurden durch die Ausdehnung der Sahara zerteilt. Dieser Austrocknungsprozess begann schon vor etwa 7 Millionen Jahren und erfolgte parallel zur zuvor erwähnten klimatischen Abkühlung. Dies erklärt die ungewöhnlichen verwandtschaftlichen Beziehungen dieser Arten, deren nächste Verwandte in weit entfernten Regionen der Erde vorkommen. So wächst die der Kanaren-Kiefer nächstverwandte Chir-Kiefer im Zentralhimalaya. Die Leuchterblumen haben enge Beziehungen zu Arten in Ostafrika und das Lorbeergewächs Barbusano zu solchen in Indien. Die Balsam-Wolfsmilch ist auf den Kanaren, in Westafrika und in der südlichen Arabischen Halbinsel vertreten. Die so typische Kanaren-Glockenblume hat ihre beiden nächstverwandten Arten in Ostafrika. Der Kanarische Admiral

Der Kanarische Admiral trägt mehr rot und weniger weiß auf seinen Flügeln als der Europäische Admiral. Beide kommen auf Teneriffa vor.

ist dem Indischen Admiral so ähnlich, dass beide Schmetterlinge trotz der weiten geographischen Entfernung ursprünglich sogar einer einzigen Art zugeordnet wurden. Der Kanarische Bläuling hat seine nächsten Verwandten im weit entfernten Mauritius im Indischen Ozean.

Riesen und Flügellose

Die ausgestorbene Teneriffa-Rieseneidechse ist als Nachbildung nur noch im Museum für Natur und Mensch in Santa Cruz de Tenerife zu betrachten.

Neben der Entstehung einer Vielzahl von Arten durch anpassende Aufspaltung sind auf neu entstandenen Inseln weitere interessante evolutionäre Entwicklungen zu beobachten. So haben die Schildkröten auf Galapagos riesenhafte Arten entwickelt. Beispiele für diesen sogenannten Gigantismus finden sich auch auf den Kanarischen Inseln. Bereits vor dem Erscheinen des Menschen starb die auf Teneriffa lebende, über einen Meter groß werdende Teneriffa-Riesenschildkröte aus. Von Fossilfunden weiß man, dass diese dort bereits vor 20 Millionen Jahren während des Miozän bis vor etwa 10 000 Jahren lebte.

Die Teneriffa besiedelnden Menschen fanden sogar noch die lebende Teneriffa-Rieseneidechse von über eineinhalb Metern Körperlänge vor. Von ihr sind neben Knochenresten zwei mumifizierte Exemplare in dem Lavatunnel Cueva del Viento gefunden worden, wodurch eine genaue Bestimmung der Art möglich war. Riesenwuchs zeigte auch ein Nagetier, die Riesenratte, deren Körper ohne Schwanz über 40 Zentimeter lang war und die mehr als ein Kilogramm wog. Auch ihre Überreste wurden in Lavatunneln gefunden. Die Riesenratte konnte offenbar in Bäume klettern, um dort zu fressen. Archäologische Funde zeigen, dass beide Arten, Ratte und Eidechse, von den Ureinwohnern noch als Nahrung genutzt wurden. Dies wurde aus Schabstellen und Verletzungen an gefundenen Knochen geschlossen. Beide starben also vor gar nicht allzu langer Zeit aus. Die anderen Überreste dieser ausgestorbenen Tiere kann man noch heute im Museum für Natur und Mensch (Museo de la Naturaleza y el Hombre) in Santa Cruz bewundern.

Auf nahezu allen Kontinenten und vor allem auf kleinen ozeanischen Inseln gibt es Vögel, deren Flügel zurückgebildet sind und die nicht mehr fliegen können. Auch hierzu finden sich auf Teneriffa Beispiele. Ein kleiner spatzengroßer Singvogel, die flugunfähige Bodenammer, war zum ausschließlichen Leben am Boden übergegangen. Ihre Flügel waren

Im Lavatunnel der Cueva del Viento sind die Wurzeln von Bäumen durch die Höhlendecke gewachsen. Hier wurden viele Reste von ausgestorbenen Tierarten gefunden.

um ein Drittel verkürzt und die Beine verlängert. Der knöcherne Brustbeinkamm, an dem die Flugmuskulatur der Vögel ansetzt, war weitgehend rückgebildet. Dagegen hat das Knochengewicht im Vergleich zu verwandten Arten um ein gutes Drittel zugenommen. Wahrscheinlich gab es auf Teneriffa sogar noch einen zweiten flugunfähigen Vogel, die Kanarische Wachtel. Sie wurde zunächst an archäologischen Fundstätten auf der Nachbarinsel La Gomera nachgewiesen, was auf eine Bejagung durch den Menschen hinweist. Auch diese beiden Vogelarten starben möglicherweise als Opfer der schon von den Ureinwohnern eingeführten Katzen und eingeschleppten Hausratten aus. Unbekannt ist die Ursache des Aussterbens des erst 2010 in der Cueva del Viento entdeckten vorwiegend am Boden lebenden Schlankschnabelgrünlings.

So könnte die flugunfähige Bodenammer vielleicht ausgesehen haben. Die Färbung ist der nah verwandten afrikanischen Cabanis-Ammer nachempfunden (Zeichnung nach Rando et. al 2003).

Die Lebensräume

Klima und Leben

Die Kanarischen Inseln weisen ein ausgeglichenes Klima auf. Hierfür ist vor allem der Kanarenstrom verantwortlich, eine kühle bis mäßig warme Meeresströmung im nordöstlichen Atlantik. Neben kurzzeitig vom Nordatlantik oder aus der Sahara kommenden Klimaeinbrüchen ist für das Leben auf den Kanaren vor allem der mehr oder minder stark aus dem Nordosten wehende Passat von zentraler Bedeutung. Er kommt dadurch zu Stande, dass die am Äquator am stärksten erwärmten Luftmassen bis in über 3000 Meter aufsteigen, dabei abkühlen und als sogenannter Antipassat in Richtung der Pole nach Norden bzw. Süden strömen. Etwa am 30. Breitengrad beginnen sie abzusinken und wieder zum Äquator zurückzufließen. Dabei kühlen sie sich in den unteren ozeannahen Schichten stärker ab und nehmen Feuchtigkeit aus dem Atlantik auf. Oberhalb von etwa 1500 Meter bleibt die Luft dagegen warm und trocken und wird Oberpassat genannt. Die von Norden heranströmenden Luftmassen erhalten durch die Erdumdrehungskräfte

Allmorgendlich bildet sich die durch den Passat verursachte Wolkendecke über der Nordseite und dem Orotavatal. Sie kann sich zum geschlossenen Wolkenmeer verdichten und löst sich nachts wieder auf.

einen Westdrall. Dadurch entsteht der auf den Kanaren aus nordöstlicher Richtung wehende Nordostpassat. Er hatte zu Zeiten der Segelschifffahrt enorme Bedeutung, indem er die Segelschiffe von Entdeckern wie Christoph Columbus und Naturforschern wie Alexander von Humboldt über Teneriffa nach Amerika trug.

Noch wichtiger sind die Auswirkungen des Passats auf die Tiere und Pflanzen Teneriffas. Wenn er nämlich auf die wie eine Wand wirkende Nordseite der Insel stößt, steigen die Luftmassen auf, wobei die über dem Atlantik aufgenommene Feuchtigkeit zu kondensieren beginnt. Dadurch entsteht am Tage in Höhen von etwa 600 bis 1500 Metern eine zusammenhängende Wolke, die von einer wärmeren

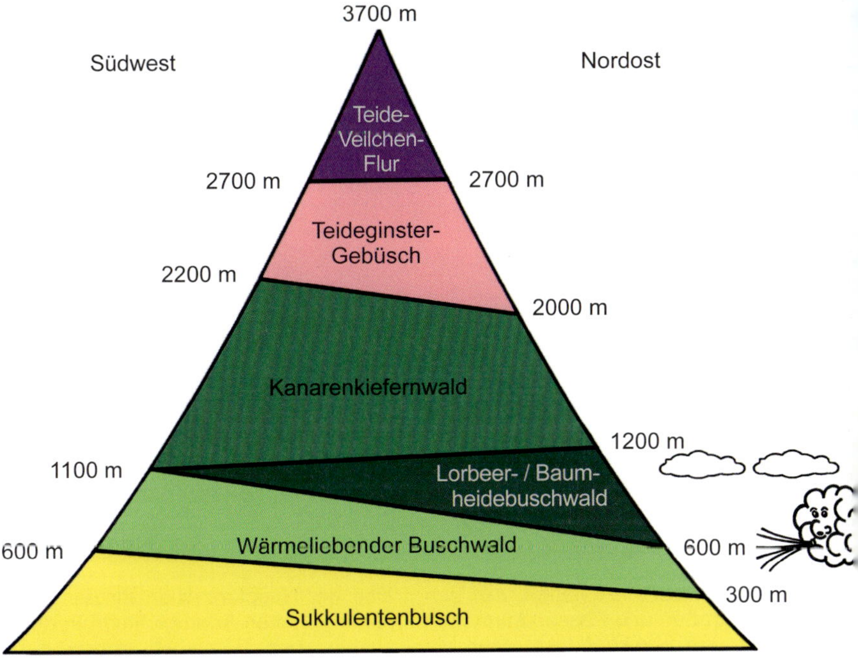

3700 m

Südwest

Nordost

Teide-
Veilchen-
Flur

2700 m

2700 m

Teideginster-
Gebüsch

2200 m

2000 m

Kanarenkiefernwald

1200 m

1100 m

Lorbeer- / Baum-
heidebuschwald

600 m

Wärmeliebender Buschwald

600 m

300 m

Sukkulentenbusch

Höhenverteilung der Vegetationszonen auf Teneriffa. Die Wolke symbolisiert die Passatwolke (Schema verändert nach Juan et. al 2000).

und trockeneren Luftschicht, dem Oberpassat, begrenzt wird. Sie ist im Winter umfangreicher als im Sommer und kann von den Höhen der Cañadas als Wolkenmeer bestaunt werden. Nachts löst sie sich als Folge von ablandigen Winden wieder auf. Dagegen bleibt die Südseite der Insel passatwolkenfrei. Interessant ist die Situation im Anaga- und Tenogebirge, die beide nicht die notwendige Höhe erreichen, um den Nordostpassat

Die auf der Nordseite des Anagagebirges beim Aufstieg zu Wolkennebeln kondensierte Feuchtigkeit verdunstet nach dem Überwinden des Kammes auf der Südseite. Hier können sich starke Fallwinde entwickeln.

vollständig zurückzustauen. Auf den Kammstraßen und Pässen kann man sehen, wie Wolkenfetzen über die Kämme der Höhenlagen gepeitscht werden, hinter denen diese sich dann auf der wärmeren Südseite binnen Sekunden komplett auflösen.

Die unterschiedliche Verteilung der Feuchtigkeit und der Besonnung führt zu einer vertikalen Gliederung der Vegetation in verschiedene Pflanzengesellschaften von bemerkenswert schematischem Aufbau. Dabei liegen die Grenzen dieser Zonierung aufgrund dieser unterschiedlichen klimatischen Gegebenheiten auf der Nordseite in teilweise ganz anderen Höhenlagen als auf der Südseite. Diesen Wechsel der Pflanzengesellschaften kann jeder entdecken, der aus den Badeorten im Süden oder auf den Spuren von Humboldt aus Puerto de la Cruz von der Nordküste kommend nach dem Cañadas hinauffährt und den Gipfel des Teide besteigt. Wegen der Höhe des Teide ist diese Gliederung in Teneriffa im Vergleich zu den anderen Kanarischen Inseln am vollständigsten ausgeprägt und

eine der Hauptursachen für den besonders hohen Artenreichtum. In den küstennahen Bereichen fördert der Einfluss des vom Wind auf das Land geblasenen Meersalzes das Vorkommen salzliebender Pflanzen. Hier und in der daran anschließenden Trockenzone wächst der **Sukkulentenbusch**. In dieser Zone liegen auch die Dünen von El Médano. Hier gedeihen Pflanzen, die sich auf unterschiedliche Weise an den Mangel an Wasser angepasst haben. In einer überlappenden Zone findet sich der Standort thermophiler oder **wärmeliebender Buschwälder**. Sie sind infolge der Umwandlung in Kulturland jedoch nur noch kleinräumig erhalten. Auf der Nordseite wächst im Einfluss der Passatwolke der **Lorbeer- und Baumheidebuschwald**, der auf der Südseite wegen der Trockenheit in der Regel fehlt. Als nächste Vegetationszone entwickelt sich der **Kanarenkiefernwald**. In den hoch gelegenen Gebieten wie den Cañadas findet sich das baumlose **Teideginstergebüsch**. Darüber hat sich die Hochgebirgsflora mit der **Teide-Veilchenflur** entwickelt.

Oben: Schütterer Kanarenkiefernwald versucht, das lebensfeindliche Gestein unterhalb von Teide und Pico Viejo zu besiedeln.
Rechts: Im Winter kann eine geschlossene Schneedecke nicht nur den Teide sondern auch die Cañadas überziehen. Der Schnee stellt die wichtigste Wasserquelle für die Vegetation in diesem Gebiet dar.

El Médano: Felswatt, Sandstrand, Dünen

Im Südwesten finden sich nahe dem Ort El Médano die einzigen Dünengebiete Teneriffas, die zusammen mit dem Vulkan Montaña Roja ein Naturschutzgebiet (Reserva Natural Especial Montaña Roja) bilden. Hier ist das Meer im Gegensatz zu den überwiegend steilen Küsten von Natur aus flach, so dass Sand ans Ufer gespült werden kann. Er besteht aus den in der Brandung zertrümmerten Schalen und Kalkskeletten von Abermillionen von Schnecken, Muscheln, Tintenfischen und Krebsen und hat dort im Laufe der Zeit einen breiten Strand gebildet. Der Wind weht den Sand weiter ins Land, wo er von Sträuchern wie dem Moquin-Traganum zu immer

Gelb blühender Sitzendblättriger Hornklee im Dünensand

höher wachsenden Dünen aufgefangen wird. Sie sind namensgebend für dieses Gebiet. Während der von den Pflanzen in Dünen eingefangene Sand vielfach in Bewegung ist, wurde er am Fuße des Montaña Roja durch die salzige Gischt vernässt und von der Sonne zu einer fossilen Düne verbacken. Nahe der Küste hat die Kraft des Windes steinharte, niedrige

Oben: Kopfige Frankenie
Links: Ein Meister der Tarnung ist eine etwa drei Zentimeter große Ödlandschrecke.

ringförmige Kegel und langgestreckte Leisten aus verbackenem Sand frei gelegt. Sie zeichnen den ursprünglichen Standort und Wurzelverlauf von Pflanzen nach, deren Wurzelabsonderungen (Wurzelexsudate) den sie umgebenden Sand verfestigt haben.

El Médano ist vor allem ein Standort sandliebender und salzverträglicher Pflanzen, wie Dünen-Wolfsmilch, Kopfige Frankenie, Nymphendolde, Desfontaines-Jochblatt sowie Seidenhaarige Schizogyne. Als Besonderheit siedelt die nur hier und an einer weiteren Lokalität Teneriffas vorkommende Kanarische Sandmöhre.

Im Frühjahr sind allerorten klingelnde Laute zu vernehmen, die zunächst schwer zu deuten sind. Sie stammen von den Männchen einer rotgeflügelten Ödlandschrecke, die wegen ihrer Tarnfärbung nur schwer zu entdecken sind. Bei ihrer eigenartigen Balz fliegen sie kurz bis zu einem Meter in die Höhe, wobei ihre Flügel ein schnarrendes Geräusch verursachen. Nach der Landung schließt sich ein auffälliger Gesang an, dessen Ton an den einer leisen Trillerpfeife erinnert.

Oben: Von der Brandung ausgehöhlte fossile Düne
Mitte: Fossile Wurzelverläufe im Sand

Das Felswatt am Fuße des Montaña Roja bei Ebbe

Leben in der Brandung

Betrachtet man die steilen Felsufer Teneriffas und die mit Wucht hereinbrechenden Wellen, so ist es schwer vorstellbar, dass sich auch an diese Bedingungen Tiere angepasst haben. Dies erschließt sich am besten zur Ebbezeit, wenn die festen schwarzen Felsflächen und das lose, rund geriebene Lavageröll trocken gefallen sind. Wasser findet sich dann nur noch in Felstümpeln. Ein breiter Saum kleiner, hell gefärbter, sternförmiger Höcker, der die dunklen Felsen überzieht, wird dann sichtbar. Diese sogenannten Seepocken sind Krebse, die sich an den Untergrund gekittet haben und so der Brandung erfolgreich widerstehen. Mit ihren zu Reusen umgeformten Beinen seihen sie ihre Nahrung zur Flutzeit aus dem aufgewühlten Wasser. Zur Ebbezeit umschließen sie Mund und Beine mit ihrem Außenskelett und sind so vor Austrocknung geschützt. Wegen ihrer zahlreichen langen Beine mögen die Felsen- oder Rennkrabben so manchem unheimlich erscheinen. Es sind wahre Kletterkünstler, die in den unterschiedlichsten Größen oberhalb der Wasserlinie an den steilsten Felswänden in großer Zahl vorkommen. Sie sind meist dunkel, vereinzelt aber auch recht farbenfroh gelb und rot gefärbt. Sie müssen regelmäßig zurück ins nasse Element, um die Kiemen für die Atmung feucht zu halten.

Hier entwickeln sich auch ihre Larven. Diese Krebse leben von in der Brandung zerschmetterten Meerestieren und -pflanzen. Beim Wachsen müssen die Krebse ihre alte „Haut" regelmäßig verlassen. Man kann daher überall auf die leeren harten Außenskelette treffen, die auf den ersten Blick wie noch lebende Krebse aussehen. Erst in der Nähe erkennt man, dass der Krebs sich vor der Häutung in Felsritzen gekrallt hatte und nun nur noch die leere Hülle übrig ist.

Auch Schnecken sind gut geeignet, in der Brandung zu überleben, weil sie sich mit ihrem Fuß fest an den Untergrund saugen können und ein dickwandiges Gehäuse besitzen. In Spalten und kleinen Wasserresten sitzen Strandschnecken und Buckelschnecken dicht beieinander. Strandschnecken haben ihre Kiemen durch ein

Die ganz unterschiedlich gefärbten Felsenkrabben klettern geschickt an den steilsten Felsküsten.

lungenartiges Organ ersetzt und können so die Ebbezeit überdauern. Eine besondere Anpassung an das Leben in der Brandungszone haben die Napfschnecken entwickelt. Sie sind äußerlich kaum noch als Schnecken zu erkennen, da ihr Gehäuse zu einem flachen Napf umgeformt ist. Mit Hilfe selbst produzierter Säure können sie den Felsen in den Bereichen ihres Schalenrandes anlösen und sich dadurch dem Untergrund ganz eng anpassen. Zur Nahrungssuche verlässt das Tier den Sitzplatz. Alle diese Schnecken sind Pflanzenfresser und raspeln mit ihrer rauen Zunge Algenbewuchs vom Untergrund. Sowohl Buckel- wie auch Napfschnecken, spanisch *burgadas* und *lapas*, wurden schon von den Ureinwohnern und auch heute noch gern zum Verzehr gesammelt.

Beim Klettern in der Küstenzone kann man beobachten, wie immer wieder einzelne Schnecken von den Felsen fallen. Sie bleiben reglos liegen und erst nach einiger Zeit eilen sie mit einem für diese Tiere bemerkenswerten Tempo davon. Bei genauerem Hinsehen erkennt man, dass sie

Die Trichteralge ist eine Braunalge, die durch ringförmige Kalkeinlagerung weiß erscheint.

sogar Beine haben. Das Geheimnis ist schnell gelüftet: Es handelt sich um Einsiedlerkrebse, die zum Schutz dauerhaft leere Schneckengehäuse bewohnen. Während ihres Wachstums sind sie gezwungen, sich nach und nach immer größere Behausungen zu suchen.

Auch in den Felsentümpeln herrscht Leben. Man erkennt eine große Zahl in Spalten festsitzender, prächtig grün und violett schillernder, lang gezogener Fortsätze, die sich erst bewegen, wenn man sie vorsichtig berührt. Es ist unklar, ob es sich um Tiere oder Pflanzen handelt. Das Verhalten deutet jedoch daraufhin, dass wir es mit einem Tier zu tun haben. Es ist die Wachsrose, ein Blumentier, das eine Vielzahl von Fangarmen besitzt. Ihre wunderschöne Färbung kommt durch das symbiotische Zusammenleben mit kleinen einzelligen Algen zu Stande. Diese sogenannten Zooxanthellen liefern der Wachsrose Nährstoffe wie Zucker und Stärke, während sie

Die Gestrichelte Buckelschnecke überdauert das Trockenfallen während der Ebbe in Felsspalten.

Der Seehase ist eine gehäuselose Nacktschnecke, die pausenlos Algen abweidet.

Gestrandeter Schwimmkörper einer Portugiesischen Galeere

An den felsigen Lavaküsten werden die aus offener See an die Küste treibenden Tiere meist vollständig zerschmettert. Nur an flachen Stränden findet man die Schalen verschiedener Muschelarten und die weißen Rückenschulpe des Tintenfischs. Ganz selten

selbst ihren Schutz genießen. Die Tentakel der Wachsrose sind mit giftigen Nesselzellen bewehrt und dienen zum Fang von kleinen Fischen und Krebsen.

Andere Tiere schwimmen blitzschnell in Deckung, wenn ein Schatten auf ihr Wohngewässer fällt. Hierzu gehören die nahezu durchsichtige Kleine Felsengarnele sowie zwei kleine bis etwa 15 Zentimeter lange Fische, der Algen fressende Kammzahn-Schleimfisch und die Madeiragrundel. Beide können sich in der Brandung mit Hilfe ihrer Flossen und des Körpers auf unterschiedliche Weise am Untergrund und in Spalten festklammern.

Der Kammzahn-Schleimfisch ist neben der Madeiragrundel in den Felsentümpeln heimisch.

liegen hier blau gefärbte blasenartige Gebilde - die Schwimmkörper einer an der Oberfläche der Hochsee treibenden Staatsqualle, der Portugiesischen Galeere. Sie besteht aus vielen miteinander verwachsenen Einzeltieren und fängt mit meterlangen von giftigen Nesselkapseln besetzten Tentakeln Kleinfische.

Die Stern-Seepocke ist ein am Fels fest sitzender Krebs der Brandungszone.

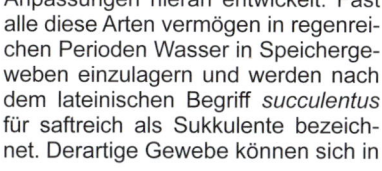

Sukkulentenbusch – „Kakteen", Leuchterblumen und Pflanzen, die die Luft anhalten

Die Lebensgemeinschaften des Küstensaums und der tiefer gelegenen Zonen Teneriffas sind vor allem durch den Mangel an Wasser geprägt. Das nur lückenhafte Vorkommen von Kräutern und Sträuchern, vor allem aber das Fehlen von Bäumen, spiegeln dies deutlich wieder. Die hier lebenden Pflanzen haben die verschiedensten

Oben: Kanaren-Wolfsmilch
Unten: Strauchiger Krapp
Rechts: Gelb blühende Kristall-Reichardie und rosaviolette Kanaren-Krummblüte leben küstennah.

Anpassungen hieran entwickelt. Fast alle diese Arten vermögen in regenreichen Perioden Wasser in Speichergeweben einzulagern und werden nach dem lateinischen Begriff *succulentus* für saftreich als Sukkulente bezeichnet. Derartige Gewebe können sich in

Das Männchen der Brillengrasmücke verteidigt sein Revier durch lauten Gesang von hohen Warten. Das Nest kann noch in den kleinsten Sträuchern gebaut werden, weshalb sie auch die extrem trockenen Lebensräume im Sukkulentenbusch besiedeln kann.

den Blättern oder in den Stängeln finden. Armstark verdickt sind beispielsweise die Sprosse der meterhohen Kanaren-Wolfsmilch. Sie ähnelt den amerikanischen Kandelaber-Kakteen so sehr, dass sie häufig fälschlicherweise den ausschließlich in Amerika vorkommenden Kakteen zugeordnet wird. Verdickte Sprosse besitzt ebenfalls die zu den Korbblütlern gehörende Oleanderblättrige Kleinie, deren Samen nach der Blüte im Sommer an Fallschirmen, wie wir sie

vom heimischen Löwenzahn kennen, durch den Wind verweht werden.

Weit und tief reichende Wurzeln zur Wasseraufnahme erklären, warum beispielsweise die Plocama selbst an trockensten Standorten noch saftig grün erscheint. Die Verdunstung durch die Oberfläche der Pflanzen wird auf unterschiedlichste Weise reduziert. Hierzu dient die silbrig dichte Behaarung, wie bei der Seidenhaarigen Schizogyne und dem Staubigen Zeiland, oder die Wachsschicht der Leuchterblumen.

Die Balsam-Wolfsmilch wächst in der Nähe der Küste. An manchen Stellen weht der Wind so stark, dass sie sich tief an den Fels ducken muss.

Die roten Früchte von Desfontaines-Jochblatt wurden von den Ureinwohnern gegessen.

Eine ganz besonders interessante Anpassung haben viele in der Trockenzone wachsende Pflanzen entwickelt, indem sie „die Luft anhalten" können. Während normalerweise die Aufnahme von Kohlendioxid durch die geöffneten Spaltöffnungen und die Photosynthese gleichzeitig bei Sonnenlicht vollzogen werden, machen sie dies zeitlich voneinander getrennt. Sie öffnen ihre Spaltöffnungen an den Blättern nur nachts und speichern das dann einströmende Kohlendioxid durch chemische Bindung

Vielfach wird die Oberfläche der Pflanze verkleinert, indem die Blätter fadenförmig verschmälert sind und zur Trockenzeit abfallen. Oder sie werden gar nicht mehr ausgebildet wie bei den endemischen Leuchterblumen, deren Sprosse wie dicke Stöcke nebeneinander aus dem Boden aufragen.

Der violett blühende Kanaren-Lavendel bildet farbige Tupfer im Sukkulentenbusch zwischen Lamarck-Wolfsmilch und Plocama.

Zwischen Los Gigantes und Santiago del Teide
bildet die weiß blühende Echte Retama besonders
große Bestände.

als Äpfelsäure in den Zellvakuolen. Tagsüber werden die Spaltöffnungen geschlossen gehalten und so die Verdunstung von Wasser stark vermindert. Trotzdem können die Pflanzen das Sonnenlicht zum Aufbau organischer Stoffe nutzen, weil am Tag das „eingeatmete", vorübergehend chemisch gebundene Kohlendioxid wieder freigesetzt und mit Sonnenenergie zu organischen Stoffen verarbeitet wird.

Mit zunehmender Nähe zur Küste kommt dem herangewehten Meersalz

*Rechts: Seidenhaarige Schizogyne
Unten: Früchte und Blüten des
endemischen Staubigen Zeiland*

starke Bedeutung zu, da dies direkt oder über die Versalzung des Bodens zusätzlich zur klimatisch bedingten Trockenheit das Vorkommen

Die kugelförmigen Büsche der Balsam-Wolfsmilch an der Küste des Malpaís de Guímar

der Pflanzen erschwert. In dieser Region treten die nur auf Teneriffa und Gran Canaria vorkommende Kristall-Reichardie und die weit verbreitete Nymphendolde auf. Salzertragend ist die landschaftsprägende Balsam-Wolfsmilch. Häufige Charakterpflanzen sind hier der endemische Kammförmige Strandflieder sowie der Rotschäftige Blaustern.

Blüten und keulenförmige Fruchtkapseln der Besen-Resede, ein kahler Halbstrauch des küstennahen Sukkulentenbusches

Die endemische Unterart des Mittelmeer-Raubwürgers jagt Großinsekten und Eidechsen.

Wärmeliebender Buschwald – wenige Reste

Der wärmeliebende oder thermophile Buschwald wuchs ursprünglich am oberen Rand des Sukkulentenbusches. Er ist infolge der menschlichen Nutzung nahezu vollständig geschwunden. Zu ihm gehören die landschaftsprägende Kanarische Dattelpalme, deren fleischarme Früchte nur als Viehfutter zu verwenden waren, sowie der Kanarische Drachenbaum. Natürliche Vorkommen dieser beiden Arten finden sich nur noch an wenigen, schwer zugänglichen Standorten, während die meisten anderen Exemplare vom Menschen angepflanzt wurden. Weiterhin gehören in diese Pflanzengemeinschaft der Kanaren-Wacholder, strauchbildende Pflanzen wie Wohlriechender Jasmin und Kanaren-Johanniskraut sowie die Atlantische Pistazie. Über die charakteristische Fauna dieses Lebensraumes ist naturgemäß wenig bekannt. Kanarische Wissenschaftler nehmen an, dass eine der beiden auf Teneriffa vorkommenden Lorbeertauben – und zwar die seltenere *Columba junoniae* – ihr ursprüngliches Verbreitungsgebiet in diesem Waldtyp fand.

Oben: Vom Passat geformter
Kanaren-Wacholder bei Afur
Mitte: Strauch des mehrjährigen
Kanaren-Johanniskrauts
Links: Die Früchte der Atlantischen
Pistazie sind Nahrung der
Lorbeertauben.

Lorbeerwald –
Relikt aus vergangener Zeit

Bereits beim ersten Blick von einem der vielen Aussichtspunkte im Anagagebirge fällt das nahezu endlose Grün ins Auge, das selbst schroffste Hänge und wild gezackte Kämme überzieht. Die Einheimischen bezeichnen diese mit grüner Vegetation überzogenen Gebirge als *Monteverde*, was grüne Berge bedeutet. Die charakteristischen Pflanzen dieses Lebensraumes sind immergrüne Hartlaubarten, von denen viele in die Verwandtschaft der Lorbeergewächse gehören. Daher nennt man diese Waldgemeinschaft Lorbeerwald oder *Laurisilva*. Der Lorbeerwald wächst in Höhen zwischen 600 und 1400 Meter, wo die Passatwolke einen ausreichenden Sonnenschutz bietet. Die ganzjährig konstant niedrige Temperatur von etwa 15 Grad Celsius sowie die hohe Luftfeuchtigkeit von 80 Prozent sorgen auch in den niederschlagsarmen Sommern für eine niedrige Verdunstungsrate. Solche Voraussetzungen finden sich prinzipiell im Anagagebirge im Nordosten Teneriffas sowie im Tenogebirge im Nordwesten, aber auch als schmaler Saum zwischen beiden Gebirgszügen entlang der Nordseite der Insel. Hier allerdings sind diese Standorte meist in landwirtschaftliche Nutzflächen umgewandelt worden. Nur noch in

Das Blatt des Kanaren-Lorbeers trägt kleine punktförmige Drüsen neben der Mittelrippe.

Zonen wie beispielsweise den Laderas de Tigaiga oberhalb des Orotavatales oder dem Naturschutzgebiet Las Palomas bei Santa Úrsula ist der Lorbeerwald in größerem Umfang erhalten.

Der Lorbeerwald ist ein Hochwald mit zwischen 10 und 30 Meter hohen Bäumen. Sein dichter Kronenschluss lässt wenig Licht auf den Boden fallen und in seinem Inneren

Das endemische Großährige Gliedkraut wächst nur in den Lorbeerwäldern des Anagagebirges und ist bei Blütenbesuchern wie der Kanarischen Erdhummel beliebt.

Ein Pärchen des Teneriffa-Zitronenfalters beim Liebesspiel, bei dem das prächtiger gefärbte Männchen das Weibchen umflattert.

herrschen Dämmerlicht und Feuchtigkeit. Alle 18 Baumarten des Lorbeerwaldes besitzen sehr ähnliche, glänzende, unterschiedlich breite, ledrige Blätter. Ihre glatten Oberflächen lassen das kondensierende Wasser über eine am äußersten Ende befindliche „Abtropfspitze" schnell abtropfen und verhindern so, dass sich Algen, Pilze, Flechten und Moose festsetzen. Hierdurch würde noch weniger Licht in die Blätter gelangen und damit die Photosynthese behindern. Die glattrandigen Blätter des Kanaren-Lorbeers tragen auf ihrer Unterseite deutlich sichtbare Drüsen in den Winkeln zwischen den Blattadern. Sie produzieren unter anderem ätherische Öle als antiseptisch wirkende Abwehrstoffe gegen Bakterien und Pilze. Die Blätter finden, wie die des nah verwandten im Mittelmeerraum vorkommenden Gewürzlorbeers, als Gewürz Verwendung. Gelegentlich kann man am Stamm hirschgeweihartige Gebilde entdecken, die Fruchtkörper

Oben: An den hoch aufragenden Stämmen des Kanaren-Lorbeers wachsen vielfach Gebilde, die an ein Hirschgeweih erinnern. Es sind die Fruchtkörper des Lorbeerbaumpilzes.

Rechts: Die roten Früchte der Kanaren-Stechpalme werden von beiden Lorbeertaubenarten gefressen.

Rechte Seite: Dichte Bestände von Farnen und pittoresk wachsende Bäume geben den Lorbeerwäldern ein verwunschenes Gepräge.

Blick über die steilen Hänge des Monte del Agua auf den Teide

eines parasitischen Baumpilzes. Ein anderer häufiger Baum ist die Indische Persea, dessen giftige Früchte nur von wenigen Tieren, etwa den Lorbeertauben gefressen werden können. Die mit dem Ölbaum verwandte Hohe Picconie entwickelt derart hartes Holz, dass hieraus früher Wagenachsen hergestellt wurden. Außerdem findet man Lorbeergewächse wie den Barbusano und den Stinklorbeer, der nach dem etwas unangenehmen Geruch

des Holzes frisch gefällter Stämme benannt wurde. Auch der Stinklorbeer trägt Drüsen, die allerdings nur in den Winkeln der unteren Blattadern sitzen. Alle diese Bäume besitzen unscheinbare gelblichweiße Blüten

Oben: Die Früchte der rankenden Warzigen Zaunrübe sehen wie kleine Melonen aus, sind aber giftig.
Mitte: Die Blüten des Kanaren-Lorbeers sind nur klein und unscheinbar.
Unten: Von Flechten umgeben wächst eines der kleinsten Dickblattgewächse, das Kurzstängelige Monanthes, auf kahlem Fels.

Früchte und Blütenstand des Kanaren-Schneeballs

und tragen Früchte, die zur Reifezeit sowohl in der Form wie in ihrer blauschwarzen Färbung Oliven ähneln. Die braunroten und später schwarzen Früchte des zu den Teestrauchgewächsen gehörenden Mocanbaumes wurden von den Ureinwohnern der Kanaren nach einem Fermentationsprozeß als Arznei- und Anregungsmittel benutzt.

Die Lorbeerwälder bilden innerhalb der Kanaren das Ökosystem mit dem höchsten Anteil von endemischen Pflanzen und Tieren und sind daher besonders schutzwürdig. Überaus artenreich sind die wirbellosen Tiere vertreten. Hier kommt eine anscheinend gehäuselose Glasschnecke vor. Sie ähnelt zwar einer Nacktschnecke, jedoch erkennt man bei genauerem Hinsehen das verkleinerte und mit einer Hautfalte überwachsene Gehäuse. An sonnigen Stellen sucht die einzige Hummelart der Kanaren in Blüten ihre

Nahrung. Hier umtanzen auch die Männchen des Teneriffa-Zitronenfalters ihre Weibchen beim Liebesspiel. Die Raupen dieser Art fressen die Blätter der zwei im Lorbeerwald heimischen Kreuzdornarten.

Die Blutrote Cinerarie findet sich nur auf Teneriffa.

Die Glasschnecke mit ihrem stark verkleinerten Gehäuse kommt nur im Anagagebirge vor.

Baumheidebuschwald – wo Heide und Gagel zum Himmel wachsen

Typischer Bestandteil des *Monteverde* ist neben dem Lorbeerwald der Baumheidebuschwald (*Fayal-Brezal*), dessen wichtigste Arten die Baumheide und der Makaronesische Gagelbaum sind. Sie können Trockenheit und Kälte besser vertragen als die Baumarten des Lorbeerwaldes und wuchsen daher ursprünglich auf Bergrücken und dort, wo Naturgewalten

Oben: Die feinfädigen Usnea-Bartflechten kämmen die Feuchtigkeit aus den Passatnebeln und vermögen so ohne Wurzeln in den Zweigen der Baumheide hängend zu wachsen.

Links: Die blühende Baumheide ist ein bevorzugter Lebensraum des Goldhähnchens.

Die auffallend leuchtenden Blüten des Kanaren-Hahnenfußes setzten gelbe Tupfer in den Baumheide-buschwald.

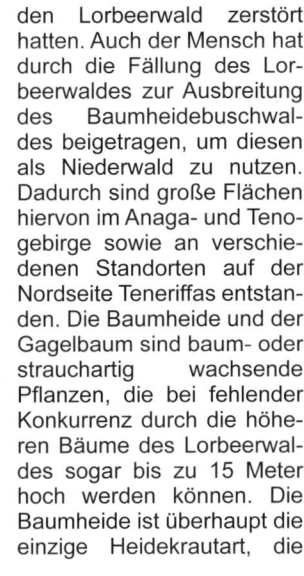

den Lorbeerwald zerstört hatten. Auch der Mensch hat durch die Fällung des Lorbeerwaldes zur Ausbreitung des Baumheidebuschwaldes beigetragen, um diesen als Niederwald zu nutzen. Dadurch sind große Flächen hiervon im Anaga- und Tenogebirge sowie an verschiedenen Standorten auf der Nordseite Teneriffas entstanden. Die Baumheide und der Gagelbaum sind baum- oder strauchartig wachsende Pflanzen, die bei fehlender Konkurrenz durch die höheren Bäume des Lorbeerwaldes sogar bis zu 15 Meter hoch werden können. Die Baumheide ist überhaupt die einzige Heidekrautart, die

zum Baum auswächst. Im Gegensatz zum Makaronesischen Gagelbaum kommt die Baumheide außerdem im Mittelmeergebiet und in großen Höhen der Gebirge Ostafrikas vor.

Auf Lichtungen und an Wegrändern des Monteverde bieten bessere Lichtverhältnisse seltenen Pflanzen Lebensmöglichkeiten. Hier wachsen Arten wie der Gewöhnliche Krummstab, der giftige Kanarische Fingerhut, der sonnengleich leuchtende Kanaren-Hahnenfuß oder die unwirklich bonbonfarbenen Cinerarien. Aber auch endemische Orchideen wie der Kanarenstendel und der Grünstendel blühen hier bereits früh im Januar.

Der Gewöhnliche Krummstab lockt mit Aasgeruch Fliegen an.

Blütenstand des Kanarischen Fingerhuts

Die männlichen Blüten des Makaronesischen Gagelbaumes sind kätzchenartig.

Die Baumheide hat kleine glockenförmige Blüten, aus denen die rosa Narbe wie ein Klöppel herausragt.

Teno Alto –
Land der Steinsperlinge

Im Nordwesten Teneriffas oberhalb der Klippen von Los Gigantes findet sich in etwa 800 Meter Höhe das Teno Alto, einer der ältesten Teile Teneriffas. Die Gesteinsformationen haben durch Erosion an Schroffheit verloren und werden von baum- und strauchlosem, offenem und leicht gewelltem Grünland überzogen. Der steinige Untergrund schimmert unter einer nur dünnen Bodenauflage überall mehr oder minder stark hervor. Verantwortlich für den offenen Landschaftscharakter dieses ursprünglich von Wald bestandenen Gebiets ist die Nutzung als Weidland. Untrennbar hiermit verbunden bleiben

Bei den Weibchen des Kanarischen Ölkäfers ragt der lange und mit vielen Eiern gefüllte Hinterleib unter den Flügeln hervor.

dem Besucher das Glockengeläut der Ziegenherden sowie die eigenartig schrillen Rufe der Hirten in Erinnerung, die auf diese Weise ihre Schützlinge zum Melken rufen. Überall hängt das Krähen der Haushähne in der Luft. Man bekommt eine Ahnung davon, wie es hier zu Zeiten der Guanchen ausgesehen haben mag. Vereinzelt erhaltene, aus Lavasteinen errichtete traditionelle Häuser vermitteln allein schon durch ihre geringe Größe einen Eindruck von der Kargheit der früheren Lebensweise. Durch die Abgelegenheit und die relativ schwere Zugänglichkeit ist der ursprüngliche Charakter erhalten geblieben.

Das Grünland enthält in Folge der Beweidung viele Pflanzenarten, die Abwehrstoffe produzieren und daher für die Ziegen ungenießbar oder auch giftig sind. So können der wunderschön blühende Kleinfrüchtige Affodill oder die Kanaren-Schlangenwurz hier große Bestände bilden. Der Stachlige Natterkopf schützt sich durch Stacheln vor Verbiss, während dies der Montpellier-Zistrose durch ihre klebrigen Blättern gelingt. Das Grünland

Die Beweidung durch Ziegen erhält die offene Landschaft des Teno Alto.

Der Kleinfrüchtige Affodill mit seinen schönen Blüten bildet große Bestände, da er von den Ziegen nicht gefressen wird.

bietet auch einer Reihe interessanter Vogelarten Lebensraum. Es gehört zu den wenigen Gebieten Teneriffas, in denen der Steinsperling Brutmöglichkeiten in Felshöhlen und verfallenden Gebäuden alter Gehöfte findet. Auffällig ist sein an eine Grauammer erinnernder Gesang, der wie „tt-tirrrr" klingt. Außerdem kann man hier Turmfalke, Mäusebussard, Kolkrabe, Felsenhuhn, Wachtel, Kanarengirlitz und Brillengrasmücke beobachten. In den Gebüschen der Barrancos sind Samtkopf- und Mönchsgrasmücke vertreten. Besonderes Glück hat man, wenn ein Wüstenfalke über dem Grünland jagt.

Im Frühjahr ist das leise Zirpen der weit verbreiteten Mittelmeergrille besonders nachmittags überall zu hören. An Stellen mit lückiger Vegetation, wie man sie auf Wegen findet, entdeckt man ein anderes Insekt, welches auf den ersten Blick eher einem Wurm ähnelt. Es ist der Ölkäfer. Seine Weibchen produzieren Eier in solchen Mengen, dass ihr Hinterleib enorm vergrößert ist und die kleinen Deckflügel weit überragt. Die Tiere erreichen dann

Steinsperlinge sind die Charaktervögel des Teno Alto.

Ein verlassenes Gehöft zeugt von der ursprünglich sehr kargen Lebensweise der Menschen im Teno Alto.

eine Körperlänge von drei bis vier Zentimetern und sind dadurch leicht von den kleineren Männchen zu unterscheiden. Bei einer Bedrohung durch räuberische Laufkäfer oder Ameisen sondern die Ölkäfer aus kleinen Poren an ihren Beingelenken eine bernsteinfarbene, ölige Flüssigkeit ab. Sie enthält Abwehrstoffe, darunter das Reiz- und Nervengift Cantharidin. Diese auch von anderen Käferarten produzierten chemischen Stoffe galten im Mittelalter als Aphrodisiakum und wurden zum besseren Genuss mit Honig vermischt. Tragischerweise wirkte es bei Einnahme einer zu hohen Dosis gelegentlich auch tödlich.

Ölkäfer haben eine komplizierte Art der Fortpflanzung. Die Weibchen legen ihre befruchteten Eier in selbst gegrabenen kleinen Erdlöchern ab. Die daraus schlüpfenden, nur wenige Millimeter großen Larven sehen gänzlich anders als die erwachsenen Käfer aus und wurden daher ursprünglich irrtümlich als eigene Art beschrieben und Dreiklauer genannt. Sie klettern auf Pflanzenblüten und warten hier auf solitäre Bienen wie etwa Pelzbienen, an denen sie sich mit ihren Klauenfüßen festklammern, um sich in deren Nest tragen zu lassen. Hier ernähren sie sich von den Eiern, Larven und Nahrungsvorräten der jeweiligen Biene und wachsen schließlich zum Käfer heran. Da die Dreiklauer häufig auch an für sie ungeeignete Transporteure wie Honigbiene oder Hummel geraten, in deren Nestern sie sich nicht entwickeln können, treten große Verluste unter ihnen auf. Dies wird jedoch durch Tausende von Eiern, die ein einziges Weibchen legt, ausgeglichen.

Die Sträucher der Montpellier-Zistrose fallen durch ihre enorme Blütenfülle ins Auge.

Kiefernwald –
feines Rauschen in himmlischer Ruhe

Der Kanaren-Kiefernwald wächst in trockeneren Bereichen und in größerer Höhe als der Lorbeerwald. Er erträgt Temperaturextreme mit Hitze und Kälte sowie Frost und Schneefall. Auf der Südseite schließt er nahezu ohne Übergang an den Sukkulentenbusch an. Er ist relativ artenarm und besteht hauptsächlich aus der endemischen Kanaren-Kiefer. Sie unterscheidet sich von der hier häufig zur forstlichen Nutzung angepflanzten, schnellwüchsigen amerikanischen Monterey-Kiefer durch ihre auffälligen bis zu

Oben: Der Halbstrauch des Baum-Aeoniums entwickelt mächtige gelbe Blütenstände.

Mitte: Der gelbe Blütenstaub der aufgeblühten männlichen Blüten der Kanaren-Kiefer verbreitet sich durch den Wind.

Unten: Die Zierliche Kanarenmargerite

Oben: Der hohe Strauch des Sprossenden Zwerggginsters ist auf den West-Kanaren endemisch. Er profitiert durch Waldbrände.
Mitte: Blättchenreiche Drüsenfrucht
Unten: Das Spatelige Aeonium wächst auf Lavafeldern im Kiefernwald und sogar auf Hausdächern.

30 Zentimeter langen, sehr biegsamen Nadeln. Diese haben eine wichtige hydrologische Funktion, indem sie quasi das Wasser aus den Passatnebeln kämmen, das dann zu Boden tropft und versickert. Auf diese Weise trägt die Kanaren-Kiefer wesentlich zur Wasserversorgung der Insel bei und wird heute wieder forstlich gegenüber der Monterey-Kiefer bevorzugt. Die abgefallenen Nadeln überdecken den Boden in einer dicken Schicht. Dies wirkt Schall dämpfend und ist eine der Ursachen für die nahezu totale Ruhe, die in diesem Wald herrscht. Es ist nur das Streichen des Windes in den

Wipfeln der Bäume zu hö- ren. Vom Menschen wer- den die Nadeln als Ein- streu in Viehställen sowie auch zum schonenden Verpacken der Bananen genutzt.

Die Stämme der Kie- fern sind häufig mehr oder weniger stark ver- rußt. Dies erinnert daran, dass immer wieder gro- ße Brände im Kanaren- Kiefernwald entstehen. Diese Ereignisse sind für den Men- schen katastrophal, der Wald wird jedoch dadurch begünstigt und kann sogar als sogenanntes Feuerökosys- tem ohne gelegentliche Brände lang- fristig nicht existieren. Die Borke dieser Feuerpflanze ist bis zu 15 Zentimeter dick und schützt so den Stamm, der anschließend überall wieder austreiben kann. Ihre Zapfen öffnen sich zudem nach Hitzeeinwirkung und geben dann den Samen frei. Der Nutzen der Brän- de besteht weiterhin darin, dass die in der schwer zersetzbaren Bodenstreu gebundenen mineralischen Nährstoffe in der entstehenden Asche wieder frei- gesetzt werden. Dies ist vermutlich eine Anpassung an den Vulkanismus, der in der Geschichte der Insel immer wieder als „Brandstifter" in Erscheinung trat.

Die Zahl der im Kanaren-Kiefernwald vorkommenden Arten ist wegen der hier herrschenden extremen Lebens- bedingungen relativ gering. Allerdings wird dies durch einige im Frühjahr üp- pig blühende endemische Pflanzen reichlich wettgemacht. Besonders fällt die immergrüne Beinwellblättrige Zist- rose durch ihre großen, rosa gefärbten Blüten ins Auge. Häufig sind auch Schmetterlingsblütler, wie der weiß blühende Spros- sende Zwergginster und ein in großen gelben Polstern blühender Kana- renkiefernwald-Hornklee. Der Grünliche Nattern- kopf wird von einer Viel- zahl von Schmetterlingen besucht. Eher unschein- bar ist das ausschließlich auf Teneriffa vorkommen- de Teneriffa-Gliedkraut.

Oben: Der Kanarenkiefernwald- Hornklee ziert den Wald mit kugeligen Polstern.

Links: Eine gewaltige Kanaren-Kiefer bei Vilaflor zeigt zu welcher Größe dieser Baum heranwachsen kann.

Barrancos – Wasser und Fels

Der Barranco von Masca ist in Jahrtausenden vom Wasser tief in den Fels geschnitten.

Barrancos sind Kerbtäler, die in erdgeschichtlich früheren Zeiten infolge stärkerer Niederschläge durch Erosion tief in den vulkanischen Untergrund Teneriffas geschnitten wurden. Sie enthalten zwei Hauptlebensräume: Der erste ist ein im Grunde der Barrancos zum Meer ziehendes Fließgewässer, dessen Wasserführung einem jahreszeitlich bedingten Wechsel unterliegt. Er kann streckenweise sogar eine kleine, zeitlich überflutete, seitliche Aue ausbilden, die mit feuchteliebender Vegetation bestanden ist. Außerdem kann es an Felsbarrieren zum Wasseranstau kommen, wodurch die Strömung so sehr verlangsamt wird, dass ein nur schwach durchströmtes Stillgewässer entsteht. In diesen Abschnitten lebt eine Reihe interessanter Tierarten. Neben verschiedenen Unterwasserkäfern kreisen auf der Wasseroberfläche in großer Zahl schwarz glänzende, etwa sechs Millimeter große Tiere scheinbar ziellos durcheinander. Es handelt sich dabei um Wasserkäfer, die auf Grund dieses Verhaltens als

Die Blütenreiche Winde ist ein hoher Strauch mit überaus zahlreichen Blüten in stark verzweigten Blütenständen.

Taumelkäfer bezeichnet werden. Sie haben sich dem Leben auf dem Oberflächenhäutchen des Wassers extrem angepasst. Die einzelnen Glieder ihrer hinteren beiden Beinpaare wurden zu breiten Schwimmpaddeln umgeformt, die so effizient arbeiten, dass die Taumelkäfer die schnellsten Wasserinsekten überhaupt sind. Besonders bemerkenswert ist, dass diese Käfer scheinbar vier Augen besitzen: zwei für das Sehen außerhalb des Wassers

Paarungsrad des Rahmstreifblaupfeils

und zwei für das Sehen unter Wasser. Im Verlaufe der Evolution haben sich die ursprünglich ganz normalen Augen in jeweils zwei getrennte Einheiten unterteilt, die der verschiedenen Brechung des Lichts in den beiden Medien Luft und Wasser angepasst sind. Dies ermöglicht dem räuberischen Taumelkäfer, zugleich Insekten auf und unter der Wasseroberfläche zu jagen.

Vor allem aber sind diese Zonen ein Eldorado für Libellen, die hier nach der Begattung ihre Eier ablegen. Man kann die Männchen von Libellenarten wie der Großen Königslibelle, der kleineren Feuerlibelle oder des Rahmstreifblaupfeils bei der Verteidigung ihrer Laichreviere beobachten, in denen sie auf begattungsbereite Weibchen warten. Alle kanarischen

Libellen sind nicht endemisch und kommen auch im Mittelmeerraum vor. Die Männchen der Feuerlibelle zeigen eine in ihrer Intensität von der Umgebungstemperatur abhängige Rotfärbung und sind hier auf den Kanaren daher besonders „feurig". Während deren Weibchen ihre Eier nach der Begattung durch kurzes Eintauchen des Hinterleibes in Algenwatten ablegen, stecken die Königslibellen diese in Pflanzenstängel. In diesen Stillgewässerzonen laichen die vom Menschen eingeschleppten Laub- und Wasserfrösche. Als einziger Süßwasserfisch Teneriffas besiedelt der europäische Aal die Bäche der Barrancos. In sie wandern die jungen Glasaale ein, die aus dem in der Sargassosee

Männchen der Großen Königslibelle und der roten Feuerlibelle

Die Gebirgsstelze
findet an
Gewässerrändern
ihre Nahrung.

Die endemische
Teneriffa-Laubheu-
schrecke ist ein
in Sträuchern und
Bäumen lebender
Räuber, der andere
Insekten erbeutet.

gelegenen Laich-
gebiet der Aale
alljährlich ein-
treffen. Hier lebt
auch das Grünfü-
ßige Teichhuhn.
Die Gebirgsstelze
brütet in Höhlen
der Felswände
und sucht ihre
Nahrung am Ran-
de der Gewässer.
Den zweiten
Hauptlebensraum der Barrancos
bilden die seitlich steil aufragenden
Felswände. In ihren Spalten und Ab-
sätzen können seltene niedrig wüch-
sige Kräuter und Sträucher wurzeln.
Sie finden hier ge-
nügend Licht, da be-
schattende Bäume
mit Blatt- und Na-
delstreufall sich an
diesen Stellen nicht
halten können. Die
Barrancos ziehen
aus dem Inneren der
Insel zur Küste und
durchlaufen dabei
die unterschiedlichen

Vegetationszonierungen. Aufgrund
ihres nahezu sternförmigen Verlaufs
weichen die Täler durch ihre geographische Orientierung voneinander ab.
Dadurch gibt es stark von der Sonne

*Grünfüßiges
Teichhuhn*

Oben: Der Nachtreiher ist nur als Wintergast auf Teneriffa zu beobachten.

Unten links: Die Ahornblättrige Strauch-pappel ist ein zu den Malven gehöriger hoher Strauch mit wunderschönen Blü-ten. Sie kommt nur auf den Kanaren vor.

Unten rechts: Sommerwurzarten parasitisieren auf an-deren Pflanzenarten und besitzen kein Blattgrün.

bestrahlte Nordhänge, schattige Süd-hänge sowie alle Übergänge zwischen ihnen. Auf diese Weise entstehen unterschiedlichste Kleinklimate und Lebensbedingungen. Jeder Barranco stellt eine Besonderheit für sich dar. Die Mehrzahl der Barrancos ist aller-dings auf Grund der Wasserentnah-me durch den Menschen heute zeit-weise oder gänzlich trocken gefallen. In wenigen, wie beispielsweise dem Barranco de Afur, sprudelt an ihrem Grunde noch ein Bach. Die größten und eindrucksvollsten unter ihnen sind die Barrancos von Masca, Afur, und Igueste de San Andrés sowie der Bar-ranco del Infierno bei Adeje.

Der Teide-Nationalpark

Verlässt man von Süden kommend bei Boca del Tauce oder im Norden bei El Portillo die Kiefernwaldzone, so weitet sich vor den Augen des Besuchers eine in etwa 2000 Metern Höhe gelegene baumlose Hochebene, die Cañadas. In ihr ragen die beiden höchsten Vulkane der Kanarischen Inseln, der Pico del Teide und der Pico Viejo, auf. Mit diesen Vulkanen und den umgebenden subalpinen Flächen bilden die Cañadas den Teide-Nationalpark.

Wir befinden uns hier in der Hochgebirgszone Teneriffas. Das Klima ist mit 300 bis 500 Millimeter jährlichem Niederschlag, niedriger Luftfeuchte und hoher Verdunstung trocken. Die mittlere Jahrestemperatur beträgt neun Grad Celsius. Es gibt jedoch neben den jahreszeitlichen große Tages- und Nachtschwankungen. Wegen der intensiven Sonneneinstrahlung werden die Felsen sehr heiß. Nachts dagegen kühlen sie stark aus. Im Winter kann Schnee liegen und

Im Mai und Juni blühen die großen Büsche des Echten Teideginsters mit Tausenden rosa oder weiß gefärbten und stark duftende Blüten. Der große Teide-Schwarzkäfer ist überall anzutreffen.

Frost herrschen. Diesen extremen Existenzbedingungen haben sich Flora und Fauna anpassen müssen. Viele der hier lebenden Arten kommen daher auch nur hier vor.

Der Frühling beginnt in der Höhe der subalpinen Stufe später als auf der übrigen Insel. Von überwältigender Schönheit sind die Cañadas von Mitte Mai bis Ende Juni. Dann sind sie großflächig von bunter Blütenpracht überzogen. Die großen kugeligen Sträucher mit den unzähligen weiß bis rosa gefärbten Blüten des Echten Teideginsters fallen ins Auge. Dieser

Blüte der Klebrigen Drüsenfrucht

Selten treiben starke Südwestwinde Nebelschwaden in die Cañadas bis vor die Roques de García und tragen so Feuchtigkeit in diese Höhe.

richs oder Teidelacks verändern im Laufe der Zeit ihre Farbe. Sie sind frisch aufgeblüht kräftig violett und färben sich später weiß.

Später im Jahr fallen die niedrigen Kugelbüsche des Behaarten Federkopfes mit drei Zentimeter großen, altrosafarbenen Blüten auf. Besonders eindrucksvoll sind die schon erwähnten Raublattgewächse. Große Bestände von Wildpret-Natternkopf schmücken inzwischen wieder die Hanglagen der Cañadas. Das war nicht immer so, da sie lange Zeit durch die Ziegenbeweidung stark zurück gedrängt und hochgradig gefährdet waren. Dies änderte sich erst nach der Einrichtung des Nationalparks im Jahr 1954.

Der größte Käfer Teneriffas bewacht den Eingang zum Infozentrum

ausdauernde bis zwei Meter hohe Strauch hat winzige hinfällige Blätter und kräftige grüne Zweige entwickelt, um den klimatischen Bedingungen widerstehen zu können. Genauso kugelbildend ist die gelb blühende Teide-Rauke. Im Sommer ist sie an den strohfarbenen Fruchtständen erkennbar, weswegen sie auch als Teidestroh bezeichnet wird. Dazwischen setzt die Teide-Katzenminze blaue Tupfer. Die Blüten des Besen-Schöte-

des Teide-Nationalparkes bei El Portillo. Es ist eine mannshohe Nachbildung des endemischen Teide-Schwarzkäfers. In den Cañadas kreuzt dieser in Wirklichkeit nur etwa zwei Zentimeter große Käfer vor allem im Frühjahr immer wieder in gemächlicher aber stetiger Fortbewegung den Weg des Wanderers. Er ist dann bei der Nahrungssuche. Weil er ein anspruchsloser Allesfresser ist, der auch Pflanzenteile und totes Material nicht verschmäht, kann er erstaunlich häufig werden. Schwarzkäferarten leben meist in Wüsten. Beim Überleben in der trockenen subalpinen Wüste der Cañadas helfen dem Teide-Schwarzkäfer etliche Eigenschaften. Beispielsweise sind die beiden auf dem Käferrücken befindlichen Deckflügel in der Mittelnaht miteinander verwachsen, um die Wasserverdunstung zu reduzieren. Infolgedessen können die Käfer nicht mehr fliegen sondern bewegen sich nur noch auf ihren hohen Beinen fort. Der Abwehr von Feinden dienen Drüsen am Hinterleib, die im Falle der Bedrohung leicht flüchtige Wehrsekrete abgeben.

Die Teidespinne baut überall in den Cañadas ihre Radnetze.

Auch Schmetterlinge gibt es hier. Am häufigsten sind der Kanarische Grüngestreifte Weißling und der Kanarische Bläuling. Der Grüngestreifte Weißling ist ein in seinem Vorkommen auf die Höhenlagen der Cañadas begrenzter endemischer Tagfalter Teneriffas. Überwiegend weiß gefärbt trägt er auf seinen Flügelunterseiten schräg verlaufende breite grüne Streifen und fällt vor allem durch sein nahezu

Der Behaarte Federkopf ist ein rosa blühender Kugelbusch, der ausschließlich in den Cañadas vorkommt.

Nachtschmetterlings, der Kanarischen Braunen Mönchseule, finden. Sie frisst ausschließlich die Blätter dieser Pflanze und kann sich ihre auffällige Farbe leisten, weil sie wegen der von ihr aufgenommenen pflanzlichen Giftstoffe für Vögel ungenießbar ist. Der nächtlich fliegende Falter ist dagegen unauffällig bräunlich gefärbt.

Die große Zahl von blütenbesuchenden Bienen und Fliegen bietet einer anderen Tiergruppe, den Spinnen, ein reiches Nahrungsspektrum. Sehr häufig ist die Teidespinne, die ihr Radnetz überall zwischen den Pflanzen aufspannt. Sie lauert

ruheloses Umherfliegen auf. Seine Raupen fressen an der Teide-Rauke. Der Kanarische Bläuling ist ein kleiner Tagfalter, dessen Männchen oberseits leicht bläulich schillern, während die Weibchen bräunlich gefärbt sind. Er kommt überall auf Teneriffa und den westlichen Kanaren vor. Vereinzelt sind der Postillon und der Europäische wie auch der Kanarische Admiral zu beobachten. Im Sommer kann man auf der endemischen Verkahlten Braunwurz die bunten Raupen eines

Mitte: Die Raupen der auf Teneriffa endemischen Kanarischen Braunen Mönchseule werden durch das Fressen an der Verkahlten Braunwurz ungenießbar. Hierauf machen sie Ihre Feinde mit auffälliger Färbung aufmerksam.

Unten: Die Färbung der Blüten des Teidelacks verändert sich im Laufe der Zeit von violett zu weiß.

Die Felswand von La Fortaleza ragt steil in die Höhe. Die Geröllhalde am Fuß ist im Sommer von einer wahren Blütenpracht überzogen.

in dem dichter gewebten und daher weiß erscheinenden Zentrum darauf, dass sich Beute in den Fäden verfängt. Beim genaueren Betrachten der prächtigen Pflanzenblüten kann man auch andere Spinnen entdecken, welche die Farbe der von ihnen jeweilig besetzten Blüte angenommen haben. Es ist die an zwei seitlichen Höckern ihres Hinterleibs erkennbare Gehöckerte Krabbenspin-

ne. Auf Grund ihrer perfekten Farbtarnung nehmen ahnungslose Blütenbesucher sie nicht wahr, werden im Sprung überwältigt und anschließend verzehrt. Die Weibchen dieser Spinne übertreffen mit bis 19 Millimeter Körperlänge die winzigen, höchstens vier Millimeter großen Männchen.

Eine weitere Besonderheit ist die Teide-Gottesanbeterin, die nur in den Cañadas vorkommt. Dieses etwa

Neben vielen anderen seltenen Pflanzen kommt auf der Geröllhalde von La Fortaleza vor allem der Wildpret-Natternkopf in großen Mengen vor.

zwei Zentimeter lange Insekt besitzt reduzierte kleine Flügel und kann daher nicht mehr fliegen. Es lebt räuberisch und sitzt farblich gut getarnt regungslos an den Zweigen des Teideginsters. Nähert sich eine Fliege oder eine Biene, so kann man beobachten, wie die Gottesanbeterin ihnen ihren Kopf mit den großen Augen zuwendet, sie beobachtet und sich mit extrem langsamen Bewegungen nähert. Schließlich streckt sie ihre beiden zuvor wie zum Gebet gehaltenen und nur dem Beutefang dienenden Vorderbeine blitzschnell lang aus und fängt die Beute, um diese sogleich zu verspeisen.

Der Grüngestreifte Weißling ist ein typischer Falter der Cañadas.

Besonders im Umfeld von Rastplätzen halten sich viele Südliche Kanareneidechsen auf. Sie dürften ein wichtiges Beuteobjekt des Mittelmeer-Raubwürgers und des Turmfalken sein, von denen wenige Paare in den Cañadas brüten. Als weitere Vögel kann man Kanarenpieper, Zilpzalp und Kolkrabe beobachten.

Tierisches und pflanzliches Leben nimmt ab, wenn man am Teide weiter aufsteigt. Blütenpflanzen gedeihen kaum noch über 2700 Meter. Eine der wenigen und unerwarteten Ausnahmen macht jedoch das Teide-Veilchen,

Krabbenspinnen bauen keine Netze, sondern lauern in den Blüten von Pflanzen auf Beute, die sie mit ihren langen kräftigen Vorderbeinen fangen. Zur Tarnung können sie sich den unterschiedlichen Farben anpassen. Daher ist die Zweihöckrige Krabbenspinne auf der Teide-Katzenminze violett und auf der Cañadas-Kanarenmargerite gelb gefärbt.

Die Roques de Garcia sind die Überreste einer erodierten Vulkanwand. Auch hier blüht im Sommer die Teide-Rauke in großen Büschen.

das die hier am höchsten vorkommende Pflanzenart ist. Einzeln stehend ziert es die toten Schutt- und Aschehalden des Teide, von Pico Viejo und Montaña Blanca mit seinen großen blauen Blüten und erregte schon 1799 das Interesse von Alexander von Humboldt. Als ihre Erstbeschreiber finden sich die Namen von Humboldt und dessen Reisegefährten Bonpland am Ende des lateinischen Artnamen des Teide-Veilchens: *Viola cheiranthifolia* Humboldt und Bonpland. Die damals in 3510 Meter Höhe gesammelten Originalexemplare werden noch heute – nach mehr als 200 Jahren – in den Herbarien des Naturhistorischen Museums in Paris sowie des Botanischen Museums der Freien Universität Berlin aufbewahrt.

Die Teide-Katzenminze setzt leuchtend violette Flecken in den Cañadas.

Lavafelder und Höhlen

Geologisch junge Lavafelder gleichen einer Mondlandschaft. Bis auf einzelne Flechten fehlt praktisch jeder Pflanzenwuchs. Man würde nicht erwarten, dass es Tierarten gibt, die hier leben können. Spanische und englische Wissenschaftler wiesen jedoch nach, dass dies trotz extremer Temperaturen, der Trockenheit bei direkter Sonnenexposition und scheinbar fehlender Ernährungsmöglichkeit der Fall ist. Es sind Räuber und Aasfresser aus den Insektengruppen der Ohrwürmer und Springschwänze, die in der Regel nachtaktiv sind und die Tageshitze überstehen, indem sie sich ins Spaltensystem der Lava zurückziehen. Die notwendige Nahrungsgrundlage ist der „biologische Fallout", vom Wind verdriftete Insekten, die von weither geblasen, kraftlos auf den Lavafeldern stranden und hier schnell geschwächt zu Grunde gehen.

Andere Arten leben noch tiefer in den dunklen Hohlräumen und schmalen Rissen des Untergrundes der Lavafelder genauso wie auch in höhlenartigen Lavatunneln. Diese sind teilweise so groß, dass auch Menschen sie begehen können. Solche geologischen Formationen entwickeln sich bereits während der Eruption eines Vulkans, indem die noch heiße Lava unter der schon abgekühlten sich verfestigenden Oberfläche weiterfließt. Wenn die Aktivitätsphase des Vulkans zum Stillstand gekommen ist, entstehen dadurch Tunnel, die als leer gelaufene Röhrensysteme erhalten bleiben. In diesen Hohl-

Die blinde Larve des Höhlenkäfers Domene vulcanica.

räumen herrscht ständig totale Finsternis. Hier leben Höhlentiere, deren nunmehr nutzlose Augen und dunkle Körperfärbung weitgehend oder vollständig reduziert sind. Sie sind daher meist blind und pigmentarm. Sie haben gleichzeitig andere Organe dem Leben in der Dunkelheit angepasst, etwa indem sich zur Orientierung die Fühler verlängert und die chemischen Sinne verstärkt haben. Sie stammen von Arten ab, die im Spaltensystem

Höhlenspinnen haben in den dunklen Lavatunneln mehrere Arten entwickelt, die von unterschiedlich großen Höhlenasseln leben. Eine von ihnen ist Dysdera unguimmanis.

junger Lavafelder oder in der Humusschicht des Bodens der älteren Lavafelder, die bereits von Wald bewachsen sind, leben.

Mit mehr als 18 Kilometer Länge ist die Cueva del Viento bei Icod de los Vinos einer der längsten Lavatunnel dieser Erde. Das System entstand vor 27 000 Jahren während der Aktivität des Pico Viejo. In der Cueva del Viento wurden insgesamt 36 verschiedene Höhlentierarten entdeckt, von denen vierzehn ausschließlich dort vorkommen. Hierzu gehören eine blinde Schabe sowie vor allem verschiedene Käfer und einige Vertreter aus der systematischen Gruppe der Sechsaugenspinnen. Auch diese Höhlenspinnen haben keine Augen mehr und ernähren sich von Höhlenasseln.

Ohne Sonnenlicht können keine grünen Pflanzen wachsen, die Photosynthese betreiben und die Grundlage tierischen Lebens bilden. Im Dunkel der Cueva del Viento stammt die Nahrung daher aus einer anderen Quelle. Sie besteht aus organischem Material, das bei Regenfällen eingespült wird, oder auch aus Tieren, die durch die an einigen Stellen entstandenen Deckenöffnungen abgestürzt und verunglückt sind. In geologisch älteren Lavatunneln wachsen zudem die Wurzeln der Bäume durch die Tunneldecke und reichern so die Nahrungsgrundlage an, indem daran

Der Höhlenkäfer Domene vulcanica hat sich dem Leben in totaler Dunkelheit am meisten angepasst. Er hat seine Augen verloren und dafür die Antennen zur besseren Orientierung stark verlängert.

angepasste Höhlentiere an ihnen fressen oder saugen können.

Bereits auch in viel früheren Zeiten sind immer wieder auch größere Tiere in die Cueva del Viento gefallen. Die wissenschaftlichen Untersuchungen der Überreste ergaben Erstaunliches. So wurden dort Knochen von längst ausgestorbenen Arten wie Riesenratte, Bodenammer und Kanarischer Wachtel und sogar zwei mumifizierte Exemplare der Teneriffa-Rieseneidechse gefunden. Weiterhin konnte man anhand von Knochenfunden der heute nur noch auf Lanzarote und Fuerteventura vorkommenden Kragentrappe und der nur auf La Palma brütenden Alpenkrähe schließen, dass diese Vögel ursprünglich auch auf Teneriffa vorkamen.

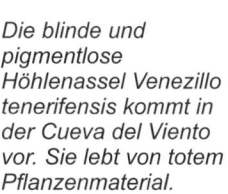

Die blinde und pigmentlose Höhlenassel Venezillo tenerifensis kommt in der Cueva del Viento vor. Sie lebt von totem Pflanzenmaterial.

Tier- und Pflanzenwelt

Der Kanarische Drachenbaum

„Obgleich wir den Drachenbaum in Herrn de Franchis Garten aus Reiseberichten kannten, so setzte uns seine ungeheure Dicke doch in Erstaunen. Man behauptet, der Stamm dieses Baumes, der in mehreren sehr alten Urkunden erwähnt wird, weil er als Grenzmarke eines Feldes diente, sei schon im 15. Jahrhundert so ungeheuer dick gewesen wie jetzt. Seine Höhe schätzten wir auf 16-19,5 m; sein Umfang nahe über den Wurzeln beträgt 14,6 m...".

So berichtete Alexander von Humboldt 1799, als er zum Teide aufsteigend dieses Exemplar des sagenumwobenen Drachenbaumes in La Orotava bewunderte. Diesen Baum gibt es allerdings nicht mehr. Er brach bereits 1868 auseinander. An seine Stelle ist der Drachenbaum von Icod de los Vinos getreten. Heute ist er mit 17 Meter Höhe, 20 Meter Stammumfang und einem Schirmdurchmesser von 20 Metern der größte und älteste seiner Art. Schon Humboldt schätzte den großen Drachenbaum von La Orotava als sehr alt ein und auch der in Icod stehende wird gern als Tausendjähriger, Drago Milenario, bezeichnet. Basierend auf Gesetzmäßigkeiten des Wuchses ermittelte der deutsche Botaniker Karl Mägdefrau jedoch ein erheblich geringeres Alter von etwa 400 Jahren für diesen Baum. Er keimte

Drachenbäume an den steilen Hängen des Barranco von Igueste de San Andrés

Der berühmte Tausendjährige Drachenbaum in Icod de los Vinos.

also kurz nach der Eroberung Teneriffas durch die Spanier.

Der Drachenbaum ist eigentlich gar kein Baum, sondern ein Liliengewächs, das bereits 1767 von dem Botaniker Linné als *Dracaena draco* beschrieben wurde. Erst vor wenigen Jahren zeigte die Neuentdeckung einer Unterart des Kanarischen Drachenbaumes im nahen Marokko, dass dieser nicht auf die Kanaren beschränkt vorkommt. Nirgendwo jedoch steht er so prominent für eine geographische Region und taucht in so vielen Städtewappen auf wie auf den Kanarischen Inseln.

Der Saft der Drachenbäume färbt sich nach seinem Austreten an der Luft rot und wird daher auch als Drachenblut bezeichnet. Der Pflanze dienen das Drachenblut und darin enthaltene chemische Stoffe der Abwehr von Parasiten und anderen Feinden. Es dürfte daher eine wichtige Rolle bei der Langlebigkeit der Drachenbäume spielen. Die antiseptische Wirkung des Drachenblutes war auch den Ureinwohnern der Kanaren bekannt. Sie verwendeten es bei der Mumifizierung ihrer Toten.

Es war sicherlich unter anderem die Heilwirkung des Drachenblutes, die dem Baum eine mythische Bedeutung verlieh und zu dem Namen dieser Pflanzen führte. Nachdem bereits in der Antike Drachenblut aus Bäumen des Jemen eine bedeutende Handelsware war, bekam auch das kanarische Drachenblut nach der Eroberung durch die Spanier eine große kommerzielle Bedeutung. Verwendet wurde Drachenblut äußerlich bei Skorbut und in der Wundbehandlung, innerlich bei Durchfall und Erkrankungen der Atemwege. Humboldt berichtete, dass man in Nonnenklöstern in der Stadt San Cristóbal de La Laguna Zahnstocher anfertigte, die mit dem Saft des Drachenbaumes gefärbt waren und die das Zahnfleisch konservieren sollten.

Drachenbäume werden häufig in Parks und Gärten gepflanzt. Wild wachsende Bestände sind dagegen selten und nur an schwer zugänglichen Stellen zu finden, beispielsweise den im angrenzenden Meer isolierten Felsen Roques de Anaga und an steilen Schluchtwänden. Die angenehm süß schmeckenden Früchte der Drachenbäume werden von Vögeln gefressen und die Samen so verbreitet.

Späte Ehre des Euphorbios

Bereits vor 2000 Jahren gab der an der Natur interessierte König Juba II. von Numidien zu Ehren seines Leibarztes Euphorbios einer von ihm wahrscheinlich in Nordafrika entdeckten Pflanze den Namen Euphorbea. Sie wurde namensgebend für die Familie der Euphorbiaceen, der Wolfsmilchgewächse. Diese Pflanzen führen weißen ätzenden Milchsaft, der vor Fraß schützt und Verletzungen verklebt. Es wird berichtet, dass Euphorbios die Absicht hatte, den Milchsaft dieser Pflanze als Pfeilgift zu nutzen. Euphorbien besitzen sogenannte Scheinblüten. Diese bestehen aus weiblichen Blüten, von denen nur der Fruchtknoten mit Narbe erhalten ist, sowie männlichen Blüten, die aus einem einzigen Staubblatt gebildet werden. Da echte bunte Blütenblätter vollständig fehlen, sind diese Scheinblüten meist relativ unauffällig. Nektardrüsen locken die Insekten jedoch mit süßem Saft.

Die kanarischste aller Wolfsmilchgewächse ist die Kanaren- oder Kandelaber-Wolfsmilch. Sie sieht wie ein Kaktus aus, gehört aber verwandtschaftlich in eine andere Gruppe. Ihre blattlosen vier- bis sechskantigen Triebe haben kandelaberartigen Wuchs und werden bis zu drei Meter hoch. Sie ist stark verzweigt und kann große Flächen überwachsen. Das mit Abstand größte Exemplar Teneriffas nahm eine Grundfläche von etwa 150 Quadratmetern ein und wuchs bei Buenavista del Norte. Es wurde daher in dessen Stadtwappen aufgenommen. Ihre Stacheln und der aggressive, stark giftige Milchsaft geben auch

Die Scheinblüten der Kanaren-Wolfsmilch stehen am Ende der Sprosse entlang der Rippen zu dritt. Die mittlere männliche Blüte wird seitlich von zwei weiblichen flankiert, aus denen sich später die auffälligen rotbraunen Fruchtkapseln bilden.

Der bis zu zwei Meter hoch werdende Strauch der Lamarck-Wolfsmilch mit seinen gelben Blüten und roten Früchten.

anderen Pflanzen Schutz. So rankt beispielsweise die Glatte Baumschlinge in ihr.

Wegen des noch fortschreitenden Prozesses der anpassenden Aufspaltung bei den Wolfsmilchgewächsen treten immer wieder Unstimmigkeiten in der wissenschaftlichen Abgrenzung einzelner Arten auf. Eindeutig verhält es sich bei der Balsam-Wolfsmilch. Sie ist ein bis zu zwei Meter hoher kurzblättriger Strauch, dessen Milchsaft im Gegensatz zu allen anderen Wolfsmilchgewächsen jedoch ungiftig ist. Früher wurde ihr Milchsaft an den Eutern von Ziegenmüttern verrieben, um dadurch die Zicklein abzustillen. Weiterhin wurde er roh oder gekocht als Kaugummi und auch zur Linderung bei Bronchialkatarrh verwendet. An den Stämmen alter Pflanzen kann man verheilte Narben finden, die von der Gewinnung des Milchsafts herrühren. Diese häufige Art wächst nahe der Küste und kann sich als Anpassung an den hier herrschenden starken Wind tief an die nackte Lava schmiegen und bizarre Formen annehmen. Auch die kleinere Blattlose Wolfsmilch kommt nur im Einflussbereich des Meeres vor. Sie ist weitaus seltener und wächst nur an wenigen Stellen auf der Insel. Sie besteht praktisch nur aus bleistiftdicken, blattlosen Trieben.

Im Gegensatz zu allen anderen Wolfsmilchgewächsen auf Teneriffa, deren Blüten unauffällig gelblich grün gefärbt sind, prunkt die kräftige Dunkelpurpurrote Wolfsmilch mit ihren farbintensiven Blüten. Ihr Vorkommen ist nahezu ausschließlich auf das Tenogebirge beschränkt. Bei einem Besuch in Masca fällt sie durch ihre Schönheit sofort ins Auge.

Die Blattlose Wolfsmilch wächst küstennah an der Nordseite Teneriffas.

Farne im Lorbeerwald: Freunde der Nässe

Farne existierten bereits im Erdzeitalter des Karbon vor 400 Millionen Jahren. Heute findet man sie meist an schattigen und feuchten Plätzen des Waldes. Zu jeder Farnpflanze gehört eine zweite, die aber unseren Augen meist verborgen bleibt, weil sie nur wenige Millimeter groß wird und gänzlich anders aussieht. Sie entwickelt sich aus einer winzigen aus einer einzigen Zelle bestehenden Spore, die sich an der Unterseite der Farnwedel in den Sporenbehältern bildet. Aus dieser Vorsproß genannten kleinen Pflanze gehen dann wieder nach einem Befruchtungsprozess die großen Farnpflanzen hervor. Beide Pflanzen sind also im Wechsel in ihrer Existenz aufeinander angewiesen.

Der Lorbeerwald mit seinem besonderen Klima ist ein Eldorado für eine Vielzahl von Farnarten, die hier in großer Dichte den Unterwuchs bilden können. Ein besonders eindrucksvoller Vertreter ist der Wurzelnde Kettenfarn, der mit bis zu drei Meter langen Wedeln den Betrachter

Oben: Der Makaronesische Tüpfelfarn trägt auf der Blattunterseite zwei Reihen mit Sporenbehältern. Er wächst in Felsspalten und auf Baumästen.
Unten: Bis zu drei Meter lang werden die auf ihrer Oberseite glänzenden riesigen Wedel des Wurzelnden Kettenfarns.

Oben: Die Kanaren-Davallia wächst auch auf den Bäumen des Lorbeer-waldes. Ihre Rhizome werden traditionell zum Backen von Brot verwendet. Talerfarn (Mitte) und Efeufarn (unten) lassen auf Grund der Form ihrer Blätter zunächst nicht vermuten, dass es sich um Farne handelt.

überragt. Seine Farnwedel sind auf der Oberseite auffällig glänzend und tragen namensgebend in kettenartiger Anordnung die Sporenbehälter auf der Unterseite. Gleichfalls etwas Besonderes ist der seltene Kissenfarn. Er ist ein Baumfarn und somit ein lebendes Fossil. Baumfarne gehörten mit bis zu 20 Meter Stammhöhe im Erdzeitalter des Karbons zu den dominierenden Pflanzenarten und bildeten ganze Wälder. Dieser außer im Südwesten der Iberischen Halbinsel und auf den Azoren nur auf Teneriffa vorkommende Baumfarn ist allerdings stammlos.

Sehr dekorativ in seinem Erscheinungsbild ist der kleine Gezähnte Moosfarn, der jedoch wissenschaftlich gesehen kein Farn ist. Seine Triebe tragen vier Blättchen und bedecken den Boden flach angedrückt. Moosfarne sind Bärlapppflanzen, die verwandtschaftlich weder zu den Farnen noch zu den Moosen gehören, wohl aber gleichfalls auf Feuchte angewiesen sind. Der Gezähnte Moosfarn ist die einzige in Europa vorkommende Art dieser Gruppe. Sein Verbreitungsgebiet erstreckt sich auch auf die Kanaren.

Ans Licht auf Kosten anderer

Außer an die übermäßige Nässe im Lorbeerwald müssen Pflanzen und Tiere sich auch an den Mangel an Licht in seinem Inneren anpassen. Daher wachsen dort eine große Zahl von Kletterpflanzen, die an den Bäumen auf verschiedene Weise zum Licht empor wachsen. Dadurch hat der Lorbeerwald einen urwaldartigen Charakter und wirkt undurchdringlich. Da gibt es Stämme und Äste umschlingende Lianen wie den Klettermäusedorn. Dieser Strauch hat bis zu zehn Meter lange Triebe und kann so die Wipfel der Bäume erreichen. Seine Blätter sind reduziert und ihre Funktion haben die blattähnlich verbreiterten Seitenzweige übernommen, an deren Rand in kleinen Gruppen die Blüten und Früchte stehen. Durch die Reduktion der Blätter und die derbe Außenhaut der Seitenzweige wird übermäßige Verdunstung vermieden. Trotz der nur dünnen, wenig Wasser zuführenden Stängel können auch die hoch gelegenen Pflanzenteile ausreichend versorgt werden.

Die Kanaren-Winde ist gleichfalls eine Liane, die meterlange Triebe entwickelt. Sie kann Bäume und Sträucher so vollständig überdecken, dass man diese erst nach genauem Hinsehen darunter erkennt. Zur Blühzeit liegen ihre dicht stehenden blauen Blüten wie eine prächtige Haube darüber.

Oben: Die Blätter des Klettermäusedorns sind die blattartig verbreiterten Seitenzweige. An kleinen Einbuchtungen ihres Randes hängen die kugeligen Beeren.
Unten: Die Raue Stechwinde kann bis zu 15 Meter hoch ranken.

Über mehrere Meter können auch die Triebe der Kanaren-Glockenblume reichen. Ihre großen orangefarbenen Glockenblüten hängen dann, Lampions gleich, zwischen den Zweigen anderer Pflanzen.

Manche der Kletterpflanzen verankern ihre Triebe zusätzlich an den Bäumen. Beispielsweise entwickeln die Raue Stechwinde und die sehr seltene Kanaren-Stechwinde stachelige Haken. Mit diesen verhindern sie ein Abrutschen und können so bis zu 15 Meter aufwärts klimmen. Ein anderer Kletterer gewinnt Halt, indem er an den Stämmen wurzelt. Es ist der bis zu sechs Meter aufwachsende Kanarische Efeu.

Trügerischer Sex, Fallen, Fensterblüten

Blütenpflanzen locken mit dem in ihren Blüten dargebotenem süßen Nektar vor allem Insekten zum Besuch, um auf diese Weise mit fremdem Pollen selbst bestäubt zu werden und auch eigenen mit auf die Reise zu anderen Blüten zu geben. Dies gilt jedoch bei weitem nicht für alle Pflanzenarten. Etliche haben im Verlaufe der Evolution ganz andere Tricks erfunden, um zum Ziel zu kommen. So sind bei der Rotbraunen und der Gabeligen Leuchterblume die unscheinbaren Blütenblätter zu einer Röhre verwachsen. Am oberen Ende bleiben fünf schlitzartige Öffnungen frei, daher spricht man auch von Fensterblüten. Ein leicht süßlicher Aasgeruch lockt kleine Fliegen an, die sich durch die Schlitze in das Innere des Blütenstandes begeben. Hier

geraten sie an den Grund der Röhre und werden durch glatte Wände und Borsten für einige Zeit am Verlassen der Falle gehindert. Dabei bestäuben sie mit dem in einer anderen Blüte zuvor aufgenommenen Pollen die darin befindlichen weiblichen Einzelblüten. Ist dies geschehen, welken die Borsten allmählich und die Fliegen können ihre Falle verlassen – nicht ohne dass der erst jetzt gereifte Pollen der Pflanze an ihnen kleben bleibt und zum nächsten Blütenstand getragen wird.

Ähnliches passiert auch bei zwei weiteren endemischen Arten, dem

Oben: Die Blüten der Gabeligen Leuchterblume sind Insektenfallen.
Rechts: Die Schopfige Traubenhyazinthe lockt mit azurblauen unfruchtbaren Blüten. Die eigentlich zu bestäubenden Blüten sitzen unscheinbar darunter und sondern fruchtigen Duft und Nektar ab.

Gewöhnlichen K r u m m s t a b und der Kanaren-Schlangenwurz, die zu der ganz anderen Familie der Aronstabgewächse gehören. Ihr Blütenstand besteht aus einem unverzweigten, mehr oder weniger lang gestreckten Kolben, der kleine und unscheinbare Blüten trägt, und einem, Spatha genannten, einzelnen Blatt. Männliche und weibliche Blüten befinden sich in getrennten Zonen dieses Kolbens und sind durch Borsten getrennt. Die Spatha bildet eine Röhre, aus der der Kolben mehr oder weniger weit herausragt. Auch bei diesen Blüten werden bestimmte Fliegen durch den besonders bei frisch aufblühenden Exemplaren wahrnehmbaren Geruch nach Dung und Aas angelockt. Beide Arten hindern die bestäubenden Insekten ebenfalls zeitweilig am Verlassen ihres Gefängnisses auf eine den Leuchterblumen vergleichbare Weise solange, bis sie ihrer Bestäubungsfunktion nachgekommen sind.

Die raffiniertesten Methoden der Anlockung von Bestäubern haben Orchideen entwickelt. Zwar verwenden auch unter ihnen die meisten Arten

Die Rotbraune Leuchterblume bildet Balgfrüchte, die in ihrer Form an Ziegenhörner erinnern. Ihre Blüten sind Insektenfallen.

süßen Nektar, etliche aber verzichten hierauf gänzlich. Sie täuschen Insekten, wie Fliegen, Nachtschmetterlinge oder Bienen, indem sie deren Sexuallockstoffe produzieren. Damit werden deren Männchen angelockt, die versuchen, die wie ein Weibchen aussehende Blüte zu begatten. Dabei kleben zwei Behälter mit Pollen an ihnen fest, die zur Befruchtung einer anderen Blüte dieser Orchideenart getragen werden. Der auf Teneriffa an Felswänden wachsende endemische Kanarenstendel ist eine Orchidee, deren nächstverwandte Arten

Die Blütenform des Kanarenstendels ähnelt der fliegender Insekten.

weit entfernt in Asien leben. Sie sind bei Orchideenliebhabern als Vogelblumen gut bekannt. Der Kanarenstendel besitzt unscheinbare grüne Bluten, dle ln ihrer Form an ein fliegendes Insekt erinnern. So täuschen zwei seitlich abstehende Blütenblätter sowie ein einzelnes dreigeteiltes Blütenblatt Flügel, Hinterleib und Beine vor. Der „Kopf" entsteht, indem sich zwei weitere Blütenblätter zusammenlegen. Sie überdecken in einem so gebildeten, nach vorne offenen Hohlraum die zwei Pollenbeutel der Orchidee. Es ist jedoch noch zu erforschen, ob diese Nachahmung in Verbindung mit einem von der Blüte möglicherweise verströmten Sexuallockstoff, kopulationswillige Männchen zur Verbreitung der Pollen anlockt, wie dies bei anderen Orchideenarten auch der Fall ist.

Ein Blick in die normalerweise geschlossene Falle der Kanaren-Schlangenwurz zeigt, dass die männlichen Blüten getrennt über den weiblichen an der Basis des lang gestreckten gelben Kolbens sitzen. Nach der Befruchtung entwickeln sich grüne Beeren, die bei Reife rot werden.

Drachen, Skink und Gecko

*Männchen der
im Norden und
im Anagagebirge
vorkommenden Eisentrauts
Kanareneidechse*

Als die Menschen vor über 2000 Jahren zum ersten Mal den Boden Teneriffas betraten, dürften sie zunächst erschrocken gewesen sein, begegneten ihnen doch drachenähnliche Wesen. Es handelte sich um Rieseneidechsen von über eineinhalb Meter Länge, die inzwischen ausgestorben sind. Wir wissen jedoch durch viele fossile und archäologische Funde, dass sie nicht selten waren und von den Menschen sogar zum Verzehr gejagt wurden. Es war eine Aufsehen erregende Sensation, als im Juni 1996 dann doch noch tatsächlich wieder eine lebende riesige Kanareneidechse auf Teneriffa entdeckt wurde. Sie war jedoch nicht die ausgestorbenen Teneriffa-Rieseneidechse, sondern eine eigene neue Art, die als Getüpfelte Kanareneidechse beschrieben wurde. Die Tiere sind höchstens 75 Zentimeter lang

und damit etwa halb so groß wie die ausgestorbene Rieseneidechse. Sie haben eine bräunlich schwarze, mit kleinen gelben, blauen oder braunen Flecken durchsetzte Färbung. Etwa 1400 Individuen dieser Art leben in den Steilwänden von Los Gigantes im Tenogebirge sowie des Moñtana de Guaza. Nur in diesen kaum zugänglichen Refugien konnten sie überleben, da sie hier hinreichend vor verwilderten Katzen und den eingeschleppten Hausratten geschützt sind.

Eidechsen sind nicht selten auf Teneriffa. Allerdings haben sie eine weit geringere Körpergröße als die beiden zuvor beschriebenen Arten. Mancherorts ist es kaum möglich zu picknicken, ohne nach kürzester Zeit von ihnen umringt zu sein. Ist man unaufmerksam, beißt der Kühnste blitzschnell in das mitgebrachte Butterbrot, noch bevor man selbst es schafft. Es handelt sich hierbei um die bis zu 25 Zentimeter lange Kanareneidechse, die auf Teneriffa in drei Unterarten vorkommt. Ihre Unterschiede stellen sich am deutlichsten im Zeichnungsmuster der ausgewachsenen Männchen dar. Im Norden und auf der Anagahalbinsel lebt Eisentrauts Kanareneidechse, deren Kopf und Vorderkörper tiefschwarz und deren Wangenregion blau gefärbt sind. An der Körperseite finden sich kleine bis mittelgroße blaue Flecke und den Rücken überziehen unregelmäßige gelblich grüne Querbänder. Im Zentrum und Süden sind die Männchen der zweiten Unterart, der Südlichen Kanareneidechse, dagegen einfarbig graubraun bis schwarz gefärbt. Sie hat keine Wangenflecken, während die blauen Flankenflecken sehr groß sind. Die gelbgrünen

Weibchen der Kanareneidechse

Rückenquerbänder fehlen oft völlig oder sind nur undeutlich ausgebildet. Allerdings finden sich auch Zwischenformen. Die Trennung in Unterarten ist möglicherweise Folge der unterschiedlichen Klimate von Nord- und Südseite oder auch der Tatsache, dass Teneriffa ursprünglich aus mehreren getrennten Inseln bestand. Zusätzlich zu den zwei auch mit molekulargenetischen Methoden bestätigten Unterarten hat sich auf der äußersten der beiden dem Anagagebirge vorgelagerten Felsinseln, den Roques de Anaga, als weitere Unterart die Felsinsel-Kanareneidechse entwickelt. Die Weibchen

aller drei Unterarten sind kleiner und wesentlich unauffälliger gefärbt als ihre Männchen.

Im Gegensatz zu den Kanareneidechsen führt der endemische Kanarenskink eine ziemlich unauffällige Lebensweise. Das bis zu 15 Zentimeter große Reptil ist glänzend olivbraun

Männchen der im Zentrum und im Süden verbreiteten Südlichen Kanareneidechse

In den unzugänglichen Steilklippen von Los Gigantes hat die Getüpfelte Kanareneidechse überlebt.

bis kupferfarben. Bei genauerem Hinsehen fällt auf, dass es nur sehr kleine Beinchen besitzt. Dagegen ist der Abstand zwischen den vorderen und hinteren Beinpaaren sehr groß. Der Skink läuft nicht mehr, sondern bewegt sich schlängelnd fort. Die Skinke erbeuten kleine wirbellose Tiere im Dunkel der Bodenstreu, wie Insekten und Spinnen. Sie lassen sich am ehesten beobachten, wenn sie regungslos ein Sonnenbad am Wegesrand nehmen.

Unauffällig lebt auch der bis etwa fünfzehn Zentimeter große nachtaktive endemische Gecko. Während des Tages versteckt er sich unter Steinen oder in Mauerritzen. Ihm ist jedoch die Besiedlung menschlicher Gebäude gelungen, wodurch er bekannter als der Skink ist. Sein auffälligstes Merkmal ist die Fähigkeit, glatte Flächen wie Mauern oder Felswände zu erklimmen. Dies kann er, weil sich an seinen Füßen Lamellen mit Milliarden feinster Härchen befinden, mit denen er durch Adhäsion haftet. So können die Geckos ohne Saugnäpfe oder Klebstoff kopfüber selbst an Glasfenstern laufen.

Kanarenskinke bewegen sich schlängelnd fort. Ihre Beine sind daher verkleinert und der Körper ist zwischen Vorder- und Hinterbeinen deutlich verlängert.

Hier irrte Einstein –
Honig, Hummeln, wilde Bienen

Ein bedrohliches Brummen macht uns auf die Kanarische Erdhummel aufmerksam, die vor Millionen von Jahren nach Teneriffa gelangte. Sie ist mit der in Europa, Kleinasien und Nordafrika vorkommenden Dunklen Erdhummel nah verwandt. Trotz des Besitzes eines Stachels ist sie harmlos. Erdhummeln sind schwarz gefärbt mit einer weißen Hinterleibsspitze. Sie bilden Staaten aus wenigen Individuen, die alle von einer Königin abstammen. Zudem besteht der Hummelstaat nur für ein Jahr, sodass jedes Jahr eine neue Königin ihren Staat in einem Erdloch aufbauen muss. Die Kanarische Hummel ist in allen Lebensräumen unterhalb der subalpinen Zone vertreten.

Oben: Die Pelzbiene Anthophora alluaudi kann mit einer langen Zunge den Nektar aus den Blüten lecken. Unten: Die Fleckenbiene Thyreus histrionicus ist eine Kuckucksbiene, die die Brut der Pelzbienen parasitisiert.

Auf den Blüten sieht man außer der Erdhummel etliche andere Wildbienenarten. Da sie keine Staaten bilden, werden sie als Solitärbienen bezeichnet. Wie die Hummel gehören sie zur ursprünglichen Fauna der Insel. Besonders häufig ist die laut brummende, schwarz gefärbte Pelzbiene *Anthophora alluaudi* zu beobachten. Sie ist an mehreren, über den Hinterleib verlaufenden, unterbrochenen weißen Streifen erkennbar. Seltener ist die lautlos fliegende Fleckenbiene *Thyreus histrionicus*. Sie ähnelt in Größe und dunkler Behaarung fast der Erdhummel, fällt aber durch seitliche neonweiße Flecken auf. Auf lehmigen Wegen kann man beobachten, wie aus kleinen kreisrunden Löchern Erdmaterial heraus geschoben wird. Kleine Bienen verschwinden in ihnen und krabbeln kurz danach wieder heraus. Es handelt sich um die Weibchen

der Braunfüßigen Furchenbiene. Auch sie gehört nicht zu den Staaten bildenden Bienen, legt aber ihre Brutröhren mit anderen Weibchen ihrer Art zusammen in Kolonien an. Die Weibchen vieler solitärer Bienen graben tiefe Röhren, an deren Ende mehrere Brutkammern angelegt werden. In diese tragen sie Pollen und Nektar ein, legen in jeder Kammer auf dem Nahrungsvorrat ein Ei ab und verschließen das Ganze. Hier entwickeln sich die Larven. Dadurch angelockt ist häufig noch ein anderes Insekt zu beobachten, das schwebend in der Luft steht und blitzschnell den „Standort" zu wechseln vermag. Es sind Wollschweber, eine parasitäre Fliege, die ihre Eier in oder an die Bauten der Solitärbienen spritzt. Ihre sich hier entwickelnden Larven ernähren sich von der durch die Bienen eingetragenen Nahrung und den Bienenlarven.

Unter den Naturprodukten Teneriffas spielt der Honig neben Ziegenkäse, Wein und Bananen eine wichtige Rolle. Seine Produzenten, die Honigbienen, sind vielerorts in großer Zahl auf den Blüten beim Sammeln von Nektar und Pollen, die sie für ihre eigene Ernährung und die Aufzucht der Jungen benötigen, zu beobachten. Die Tiere gehören der Westlichen Honigbiene an, einer ursprünglich in ihrem Vorkommen auf Europa, Nordafrika und den Nahen Osten begrenzten Unterart. Die nur noch in Obhut von Imkern vorkommende Honigbiene wurde schon vor Jahrhunderten durch die Europäer weltweit verbreitet und kam mit den Spaniern auch nach Teneriffa. Hier wird sie intensiv genutzt.

Honigbienen bilden Staaten, die aus mehr als 40 000, nicht fortpflanzungsfähigen Arbeiterinnen bestehen können. Sie stammen alle von einer einzigen Mutter ab, der Königin. Ein feines Zusammenspiel von Hormonabgaben der Königin und der Arbeiterinnen reguliert deren Aufgaben. Diese wechseln zu verschiedenen Zeiten ihres Lebens, wodurch die Funktionsfähigkeit des Staates gewährleistet wird. Die männlichen Drohnen treten nur zur Fortpflanzungszeit auf und entwickeln sich aus den unbefruchteten Eiern der Königin.

Oben: Honigbienen sind zur Blütezeit in den Cañadas häufig.
Unten: Die Braunfüßige Furchenbiene gräbt Gänge für ihre Brutkammern in den Boden.

Die Honigbiene gilt allgemein als der Inbegriff des Naturschutzes. Von Albert Einstein soll gar die Aussage stammen: *„Wenn die Bienen verschwinden, hat der Mensch nur noch vier Jahre zu leben; keine Bienen mehr, keine Bestäubung mehr, keine Pflanzen, keine Tiere, keine Menschen mehr."* Diese Annahme berücksichtigt nicht, dass sich trotz des ursprünglichen Fehlens der Honigbiene auf den Kanarischen Inseln eine große Biodiversität entwickelte. Das Gegenteil ist der Fall: Die Imkerei ist eine Massentierhaltung, deren Ziel die Honigproduktion sowie zusätzlich in Mitteleuropa die Bestäubung von Obstbaummonokulturen ist. Auf Teneriffa werden alljährlich zur Blütezeit der subalpinen Flora in den Cañadas von Mai bis Juli Unmengen von Bienenstöcken auf die Hochfläche gebracht. Beim Sammeln des Nektars treten die Honigbienen dann zu Hunderttausenden in Konkurrenz zu den heimischen Wildbienen. Wissenschaftliche Untersuchungen haben gezeigt, dass dies negative Auswirkungen auf die hier ganzjährig vorkommenden Wildbienen hat und hierdurch deren Bestand abgenommen hat. Es ist sogar nicht auszuschließen, dass manche Arten schon ausstarben, bevor sie überhaupt erforscht werden konnten.

Kanarische Imker legen offenbar nicht allzu viel Wert auf die Zucht wenig stechfreudiger Honigbienen, da mit abnehmender Aggressivität auch Sammelfleiß und Honigausbeute sinken. Im

Der Wollschweber ist eine dicht behaarte Fliege mit langen dünnen Beinen und auffällig vorragendem Rüssel, mit dem sie Nektar aus Blüten saugt.

Umfeld der Bienenstöcke wird man daher sehr schnell von angriffsfreudigen Wächterbienen attackiert, die sich immer den Kopf zum Ziel nehmen, wobei dem Glanz unserer Augen angeblich eine auslösende Rolle zukommt. Wanderer in den Cañadas sollten die Nähe der durch Warnschilder gekennzeichneten Bienenstöcke unbedingt meiden, bevor sie zum Opfer werden.

Die Kanarische Erdhummel ist mit Ausnahme ihres weißen Hinterleibsendes schwarz behaart.

Schmetterlinge – bunte Vielfalt

Der Blütenreichtum auf Teneriffa wird in seiner Pracht durch viele farbenfrohe Tagschmetterlinge bereichert. Es sind 24 Arten, von denen sieben endemisch auf den Kanarischen Inseln sind. Weit über die Hälfte davon erfreut den Besucher während des ganzen Jahres, da ihre Aktivität nicht wie bei uns auf das Frühjahr oder den Sommer begrenzt ist.

Oben: Der Kardinal wird bis zu acht Zentimeter groß.
Unten: Die Flügel des Kleinen Feuerfalters leuchten im Durchlicht.

Zu den Auffälligsten gehören grünlichgelb gefärbte, große Falter, die an sonnigen Stellen auf Lichtungen und an Wegen der Lorbeerwaldzone im Norden Teneriffas relativ häufig vorkommen. Die Oberseite des Vorderflügels ist beim Männchen intensiv orange. Zudem findet sich ein kleiner orange gefärbter Fleck in der Mitte ihrer vier Flügel. Es handelt sich um den endemischen Teneriffa-Zitronenfalter, der in die Gruppe der Weißlinge gehört. Lässt man sich Zeit, so kann man die Pärchen beim Liebesspiel beobachten. Dabei flattert ein intensiver gefärbtes Männchen um ein auf dem Blatt einer Pflanze sitzendes Weibchen

Rechte Seite: Reseda-Weißlinge sind auf der Unterseite der Hinterflügel grün gefärbt.
Der Postillon trägt auf der Unterseite des Hinterflügels eine Zeichnung, die einer Acht ähnelt.
Der Distelfalter fliegt überall.
Die Weibchen des Großen Ochsenauges besitzen einen großen Augenfleck im Vorderflügel.
Der Teneriffa-Zitronenfalter ist recht häufig in Lorbeerwäldern, da die Raupen an Blättern der hier wachsenden Faulbaumarten fressen.

Ein balzendes Pärchen des Kanarischen Bläulings am Teideginster

herum und macht ihr so den Hof. Das Weibchen zeigt die Paarungsbereitschaft, indem es die Flügel eng an den Untergrund anlegt und den Hinterleib in steilem Winkel nach oben streckt. Die Begattung erfolgt, während Männchen und Weibchen mit den Enden ihrer Hinterleiber aneinander hängen. Etwas kleinere Falter aus der nahen Verwandtschaft des Zitronenfalters sind der prächtige sattgelbe Postillon sowie der auf den Flügelunterseiten grün gefleckte und sehr viel häufigere Reseda-Weißling. Beide sind nicht endemisch und treten bevorzugt in offenen, trockenen Landschaften wie dem Sukkulentenbusch auf.

Kanarischer Braun-Dickkopffalter

Auch Bläulinge gibt es auf Teneriffa. Sie sind kleinere Falter, deren Männchen meist blau gefärbte Flügel tragen. Hierzu gehören beispielsweise der Feuerfalter und der Hauhechel-Bläuling. Etwas Besonderes stellt der endemische Kanarische Bläuling dar, weil die ihm nächst verwandte Art weit entfernt auf der Insel Mauritius im Indischen Ozean vorkommt.

Ähnlich verhält es sich mit dem endemischen Kanarischen Admiral, einem Edelfalter, dessen Pendant der in Südostasien verbreitete Indische Admiral ist. Allerdings kommt neben dem

Das Kanaren-Waldbrettspiel fliegt bevorzugt in Waldlichtungen.

Taubenschwänzchen nehmen den Nektar auf, indem sie schwirrend im Flug wie Kolibris vor den Blüten stehen.

Kanarischen Admiral auch der Europäische Admiral auf Teneriffa vor.

Man meint, einen winzigen Kolibri entdeckt zu haben, der blitzschnell von Blüte zu Blüte fliegt, vor dieser mit schnellem Flügelschlag in der Luft steht und mit der langen Zunge Nektar aus ihr saugt. Der Eindruck, es handele sich um einen Vogel, wird noch durch das Vorhandensein einer Pupille im Auge verstärkt. In Wirklichkeit handelt es sich aber um einen Schmetterling, den Kolibrischwärmer oder das Taubenschwänzchen. Die Pupille ist lediglich ein farblich abgesetzter Teil und nur vorgetäuscht, denn diese kommt in einem Schmetterlingsauge gar nicht vor.

Das Taubenschwänzchen ist ein Nachtfalter, das jedoch vor allem tagsüber der Nahrungssuche nachgeht. Es vollbringt wahre Höchstleistungen. So kann es mit einer Schlagfrequenz von bis zu 90 Flügelschlägen pro Sekunde stehend in der Luft seine Nahrung aufnehmen. Dabei benutzt es seinen aus Schuppen gebildeten Schwanz geschickt zur Steuerung. Es kann bis zu 80 Stundenkilometer schnell fliegen und legt als Wanderfalter weite Strecken zurück.

Der endemische Kanaren-Weißling ist dem europäischen Großen Kohlweißling sehr ähnlich, jedoch sind die zwei Flecke auf dem Vorderflügel zu einem einzigen großen verschmolzen.

Milchsaft, Gift und Schmetterlinge

Ein Afrikanischer Monarchfalter saugt Nektar an einer Lavendelblüte

Pflanzen vermitteln im Gegensatz zu Tieren ein Bild der Ruhe und des Friedens. Dieser Schein trügt jedoch. Schon die von vielen Arten entwickelten Dornen und Stacheln geben einen deutlichen Hinweis, dass Pflanzen nicht unbedingt nur wehrlos sind. Eine andere, viel raffiniertere Methode ist der Einsatz giftiger chemischer Stoffe, die sie gegen das Gefressenwerden schützen. So verfügen die auf Teneriffa so artenreich vertretenen Wolfsmilchgewächse über einen weißlichen Milchsaft, der bei Verletzung der Blätter oder des Stieles an die Oberfläche tritt und die Wunde binnen kurzer Zeit verklebt. Dies ist aber nicht der einzige Nutzen, den er der Pflanze bietet. Vor allem enthält der Saft verschiedene als Ester bezeichnete chemische Verbindungen wie das giftige Euphorbon, die die Haut reizen, Schleimhautgewebe zerstören können und die Augen verletzen. Werden die Blätter oder auch die Samen gefressen, führt der darin enthaltene Milchsaft zu Magenschmerzen und Durchfall. Auch Seidenpflanzengewächse besitzen weißlichen, in einigen Fällen klaren Milchsaft als Fraßschutz. Dieser enthält Herzglykoside, die Herzrhythmusstörungen sowie gleichfalls Beschwerden im Magen und Darm verursachen können.

Gegen diese unterschiedlichen Gifte haben sich bei einigen Schmetterlingsarten wiederum ganz besondere Anpassungen entwickelt. So können die Raupen einiger Arten die Blätter verspeisen, ohne dabei die geschilderten Symptome zu verspüren. Vielmehr sind sie sogar in der Lage, das Gift in ihrem Körper zu speichern und anzureichern. Dadurch bleibt es erhalten, so dass auch die Puppe und schließlich der daraus schlüpfende Falter giftig sind. Dies ist ein hervorragender Schutz gegen eigene Fressfeinde. Zur Abschreckung sind die Raupen und Falter auffällig grell bunt gefärbt.

Beispielsweise fressen die Raupen des Wolfsmilchschwärmers an der Lamarck-Wolfsmilch. Die aus

Die auffällig gefärbte Raupe des Amerikanischen Monarchfalters frisst an den giftigen Milchsaft enthaltenden Blättern der Baumwoll-Seidenpflanze.

Puppe des Amerikanischen Monarchfalters

Südafrika bzw. Amerika einge-schleppte Baumwoll-Seidenpflanze und die Indianer-Seidenpflanze wer-den trotz ihrer Gifte von den Raupen des Amerikanischen und des Afrikani-schen Monarchfalters gefressen. Die Raupe des Afrikanischen Moranchfal-ters ernährt sich außerdem von den endemischen Leuchterblumen. Der Amerikanische Monarchfalter wurde auf Teneriffa erstmalig im Jahre 1887 nachgewiesen, vermutlich nachdem die spezielle Fraßpflanze seiner Rau-pe eingeführt worden war.

Der Amerikanische Monarchfalter wurde 1887 zum ersten Mal auf Teneriffa beobachtet.

Tarnen, Täuschen, Tricksen

An einigen wenigen im Sukkulenten-busch gelegenen, extrem warmen Plätzen im Südwesten Teneriffas ist ein besonderer Falter zu entdecken. Unter den in großer Zahl herumflie-genden Reseda-Weißlingen sind einzelne größere Schmetterlinge nicht zu übersehen. Auf ihrer Flügelober-seite befinden sich zwei große ovale, weiße Flecken, um die herum je nach Lichteinfall bläuliche Zonen schillern. Es ist der in den Tropen verbreitete Diademfalter, der als sehr seltener Im-migrant auf Teneriffa beobachtet wird. Die Männchen dieser Art patrouillie-ren auffällig auf Geländekuppen, um dadurch paarungsbereite Weibchen anzulocken. Dort fliegen sie nahezu jeden in ihre Nähe kommenden Fal-ter, egal welcher Art an, um heraus zu finden, ob es sich um ein Weibchen der eigenen Art handelt.

Oben: Die Zeichnung der Unterseite des männlichen Diademfalters ähnelt der eines Afrikanischen Monarchfalters. Oberseits dagegen sieht er vollständig anders aus.
Links: Das endemische Besen-Tännelkraut wächst im trockenen Lebensraum des Diademfalters.

Der Falter hat einen besonderen Trick zur Abwehr seiner Fressfeinde entwickelt. Er macht sich die Fähigkeit eines ganz anderen Schmetterlings, nämlich des Afrikanischen Monarchfalters, zunutze. Dieser speichert in seinem Körper das Gift seiner Fraßpflanze und ist damit für seine

Feinde ungenießbar. Der Diademfalter verfügt dagegen über keinerlei Gifte, aber imitiert das Aussehen dieses Monarchfalters. Durch diese Nachahmung oder Mimikry täuscht er seine Feinde und kann unter dem Schutzschirm seines Vorbildes unbesorgt dem Nahrungserwerb und der Vermehrung nachgehen. Es handelt sich hierbei um eine genetisch bedingte Anpassung, die deswegen besonders bemerkenswert ist, weil beide Arten nur sehr weit entfernt

Blüten und Früchte der Kanarischen Sandmöhre, eine weitere Seltenheit im Biotop des Diademfalters

miteinander verwandt sind und gänzlich anderen Schmetterlingsfamilien angehören. Der Diademfalter konnte sich auf Teneriffa erst vermehren, nachdem der Mensch die Fraßpflanze seiner Raupe, den hier ursprünglich nicht vorkommenden Gemüse-Portulak, als Gewürzpflanze eingeführt hat.

Bis auf die fehlenden dunklen Flecken auf den Hinterflügeln gleicht das Diademfalterweibchen dem des Afrikanischen Monarchfalters.

Vögel – im Dunkel des Lorbeerwalds

Die Lorbeertaube ist dunkel gefärbt mit einem breiten weißen Saum am Schwanz.

Auf den ersten Blick erscheint die Mehrzahl der Vögel Teneriffas dem Besucher aus Europa vertraut. Allerdings kann man, wenn auch meist nur kleine Unterschiede zu den bekannten Arten zu Hause entdecken. Die genaue systematische Einteilung in Arten und Unterarten wird in etlichen Fällen von den verschiedenen Wissenschaftlern unterschiedlich beurteilt und ist auch gegenwärtig noch Gegenstand der Forschung. Nur wenige dieser Vogelarten kommen ausschließlich auf Teneriffa vor, sind also endemisch. Wandert man durch die dunklen und abseits der Wege kaum durchdringbaren Lorbeerwälder, so sind die meisten Vogelarten nur schwer zu entdecken. Gelegentlich ist ein beim Abflug im dichten Blätterwald entstehendes, lautes Flügelklatschen zu vernehmen. Es handelt sich dann wahrscheinlich um eine der zwei auf den westlichen Kanaren endemischen Taubenarten, der Lorbeertaube oder Bolles Lorbeertaube, die nach ihrem Entdecker, dem deutschen Ornithologen und Botaniker Carl August Bolle (1821-1909) benannt wurde. Die beiden Taubenarten sind gut an der Färbung ihres Schwanzes zu unterscheiden. So trägt Bolles Lorbeertaube eine helle Binde, die am Schwanzende breit dunkel gesäumt ist. Im Gegensatz hierzu endet der Schwanz der Lorbeertaube mit einem breiten weißen Saum. Erstaunlicherweise sind die beiden kanarischen Lorbeertauben miteinander nicht enger verwandt. Vielmehr haben Bolles Lorbeertaube und die nicht auf Teneriffa vorkommende Ringeltaube denselben Vorfahren.

Das gemeinsame Vorkommen dieser beiden Lorbeertauben im Lorbeerwald wirft die interessante Frage nach den Unterschieden ihrer ökologischen Ansprüche auf. Beide sind Pflanzenfresser, deren Nahrung aus Früchten, Trieben und Blättern besteht. Spanische Wissenschaftler haben he-

Im Frühjahr ertönt der Gesang des Rotkehlchens allerorten.

rausgefunden, dass Bolles Lorbeertaube ihren Verbreitungsschwerpunkt im Lorbeerwald hat und insbesondere die Früchte des Kanaren-Lorbeers sowie von Indischer Persea, Kanaren-Stechpalme und Drüsigem Kreuzdorn verzehrt. Die Lorbeertaube kann im Prinzip ein breiteres Spektrum von Lebensräumen nutzen, indem sie sowohl im Lorbeerwald wie auch im wärmeliebenden Buschwald Nahrung sucht. Sie ist heute jedoch

Die Amsel bildet auf Teneriffa eine eigene Unterart.

Feines Zirpen aus dichtem Blattwerk verrät das kleine Goldhähnchen.

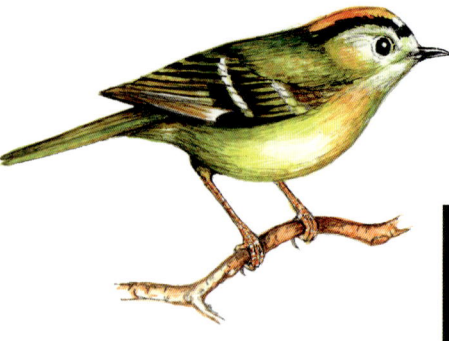

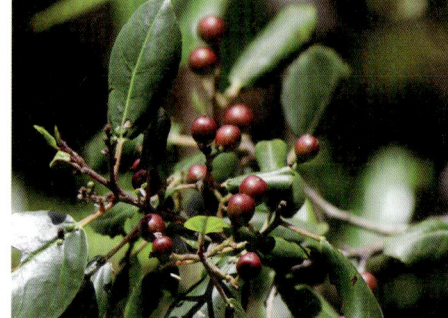

Die Früchte des Drüsigen Kreuzdorns werden von Bolles Lorbeertaube gefressen.

im Vergleich zu Bolles Lorbeertaube seltener und auf kleinere Refugien beschränkt, weil der wärmeliebende Buschwald als wichtiger Teil des ursprünglich von ihr besiedelten Lebensraums weitgehend vernichtet ist. Beide Taubenarten tragen mit der Verbreitung der in den von ihnen gefressenen Früchten enthaltenen Samen zur Erhaltung dieses Waldes wesentlich bei.

Die Lorbeertaube baut ihr Nest versteckt am Boden, im Gebüsch, unter Felsen oder umgefallenen Bäumen und auch auf Felssimsen, während Bolles Lorbeertaube es auf Bäumen anlegt. Beide bebrüten nur ein einziges Ei. Besonders gut kann man am Rande des Orotavatales an den Laderas de Tigaiga oder im Monte del Agua frühmorgens im Frühjahr die Männchen beim Balzflug über den Bäumen beobachten.

Das Männchen des nur auf Teneriffa, Gomera und Gran Canaria vorkommenden Buchfinks ist prächtig gefärbt.

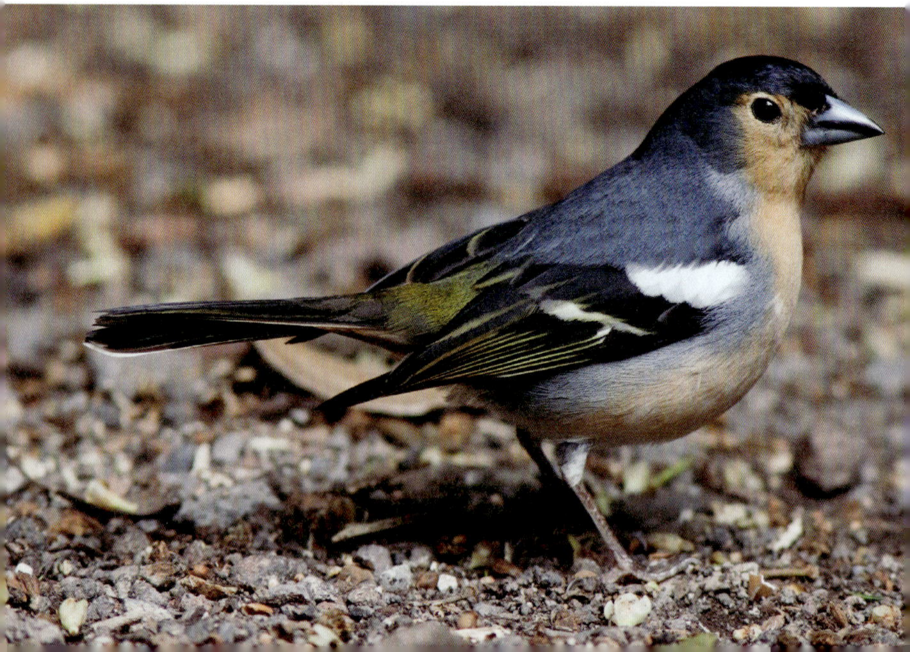

*Im Gegensatz zur Lorbeertaube endet der
Schwanz von Bolles Lorbeertaube
mit einem dunklen Saum.*

Ein weiterer Charaktervogel des Lorbeerwaldes ist der Buchfink, der eine eigene Unterart bildet. Auch er lebt von den Früchten des Lorbeerwaldes sowie von verschiedenen wirbellosen Tieren. Zu den akustisch eindrucksvollsten Erlebnissen im Frühjahr gehört ein wehmütig klingender Gesang, der vielfach an den Rändern des Lorbeerwaldes an Lichtungen und Wegen ertönt. Er stammt vom Rotkehlchen, das sich auch durch sein charakteristisches Ticksen verrät.

Im Vergleich zum Europäischen Rotkehlchen zeichnet den Gesang eine ausgedehnte lieblich-schwermütige, melodische Eingangsstrophe aus. In der Stille des Lorbeerwaldes erinnert er entfernt an den einer Nachtigall. Wenn man das Rotkehlchen einmal zu Gesicht bekommt, fällt vor allem das im Vergleich zum Europäischen kräftigere Rot der Brust und auch die hellere Unterseite ins Auge.

Fliegt ein Vogel laut schimpfend im Dickicht des Lorbeerwaldes davon,

Besonders auffällig ist bei der Samtkopfgrasmücke der rote Augenring.

ist es die schwarz gefärbte, scheue Amsel. Wirklich selten sieht man die Waldschnepfe den Weg kreuzen. Häufig ist dagegen das zarte Wispern oder sogar heftiger Streit von Goldhähnchen aus dem Geäst der Baumheide zu vernehmen, wo diese brüten und nach Nahrung suchen. Die Art ist nah verwandt mit dem europäischen Wintergoldhähnchen. Ein weiterer interessanter Waldvogel ist die Blaumeise, die nach dem gegenwärtigen wissenschaftlichen Erkenntnisstand auf nahezu jeder Kanarischen Insel eine eigenständige Unterart bzw. Art entwickelt hat, deren verwandtschaftliche Beziehungen und Zuordnungen jedoch nicht vollends geklärt sind. Auf Teneriffa und La Gomera lebt eine endemische Blaumeise, die an ihrer schwarzen Kappe und dem fehlenden, für andere Blaumeisen typischen weißen Flügelstrich erkennbar ist. Ein häufiger Vogel ist der Zilpzalp.

Vögel – an Zapfen und Stämmen des Kiefernwalds

Die Männchen des Teidefinks sind zur Fortpflanzungszeit prächtig blau.

Neben Blaumeise, Kanarengirlitz und Goldhähnchen sind die beiden interessantesten Vogelarten des Kiefernwaldes der Teidefink und der Buntspecht, die beide in ihrem Vorkommen ausschließlich auf Teneriffa und Gran Canaria beschränkt sind. Während die weiblichen Finken unscheinbar braungrau gefärbt sind, leuchten die Männchen besonders während der Balzzeit prächtig blau. Auffällig ist ein insbesondere bei den Männchen leuchtender weißer Streifen jeweils ober- und unterhalb des Auges. Im Gegensatz zum schmetternden Gesang des ihm nah verwandten Buchfinken ist der Ruf des Teidefinken leise, kurz und unmelodisch. In der Stille des Kiefernwaldes klingt er sehr verloren. Aufgrund von kleinen Farbunterschieden der Unterseite wird der Buntspecht als eigene Unterart betrachtet. Sein

Die auf Teneriffa und La Gomera vorkommende endemische Blaumeise besiedelt alle Lebensräume. Ihr fehlt der weiße Flügelstreif der anderen Blaumeisen.

*Der Buntspecht
lebt von Kleingetier
und den Samen der
Kanarenkiefer, die er
mit dem Schnabel aus
den Zapfen pickt.
Unten: Vom Specht
aufgehackte
Kiefernzapfen*

schmuckloser Ruf ähnelt dem des europäischen Buntspechtes.

Eine wichtige Rolle als Nahrungsquelle spielt bei beiden Arten die Kanaren-Kiefer. An ihren Stämmen und Ästen sucht der Buntspecht unter der Borke nach Insekten und deren Larven. Zudem kann er mit Hieben seines kräftigen Schnabels die noch unreifen

Zapfen öffnen, um so an die Samen zu gelangen. Der Teidefink profitiert von den reifen Kiefernsamen, die er mit seinem kräftigen Schnabel aus den Zapfen zu picken vermag.

Vögel – in Sukkulentenbusch und den Cañadas

Etliche Vogelarten kommen sowohl im trockenen und heißen Sukkulentenbusch als auch in den Cañadas vor, die beide halboffene, baumfreie Landschaften sind. Dies ist umso erstaunlicher, als der durch den Höhenunterschied von nahezu 2000 Metern bedingte klimatische Unterschied sehr groß und die Vegetation völlig andersartig ist. Hier trippelt in schnellem Schritt der Kanarenpieper mäusegleich über die vegetationsfreien Bodenbereiche. Auf einer Anwarte sitzend oder im Fluge rüttelnd, nach Beute Ausschau haltend, kann der Turmfalke beobachtet werden. Auch die endemische Unterart des Mittelmeer-Raubwürgers tritt in beiden Lebensräumen auf. Bereits frühzeitig Mitte Februar kann er im Sukkulentenbusch beim Füttern seiner flüggen Jungen beobachtet werden. Aus der

Der auf Teneriffa auffällig rötlich gefärbte Turmfalke lebt vor allem von Eidechsen.

Der Kanarenpieper ist ein anspruchsloser, sich meist am Boden aufhaltender Vogel.

Deckung ertönt der Ruf des Felsenhuhns, das bei Störung unter hartem Flügelschlag eine kurze Strecke davonfliegt. In schnellem Lauf verschwindet es dann in der Deckung und ist nicht mehr zu sehen. Die häufige Brillengrasmücke kommt sogar in Gebieten mit spärlicher Vegetation vor. Hier baut sie ihr Nest in niedrigsten Sträuchern und warnt schnarrend bei vermeintlicher Gefahr. Im Gegensatz

Felsentauben brüten in den Felswänden der Barrancos und Schluchten. Ihre Nahrung suchen sie auch in landwirtschaftlichen Nutzflächen.

Im Gegensatz zu ihr beansprucht die größere Samtkopfgrasmücke Lebensräume mit höheren Sträuchern und Gebüsch, aus denen ihr kraftvoller Ruf ertönt. Beim Suchen nach Insekten im Pflanzendickicht tritt der Zilpzalp erstaunlich häufig auf. Er hat zudem eine weitere Spezialität in der Nahrungsaufnahme entwickelt: Man kann ihn beim Nektarnaschen an Pflanzenblüten beobachten. Die Felswände in den Cañadas sind Brutplatz von Kolkraben und Felsentauben. Besonders zur Blütezeit im Sommer zischen Einfarbsegler beim Nahrungsfang in schnittigem Flug durch die Lüfte.

Einfarbsegler fangen in reißendem Flug Insekten in der Luft.

Ausschließlich im Sukkulentenbusch wird man mit viel Glück einen Triel aufstöbern. Farbe und Musterung seines Federkleids sowie sein Verhalten machen ihn zu einem Meister der Tarnung. Viel leichter ist es, die Gegenwart dieses nachtaktiven Vogels durch seine Rufe in der Dämmerung und in der Nacht nachzuweisen. Selten noch ist das „u-pu-pu" des Wiedehopfs zu hören.

Das prächtige Felsenhuhn wird bejagt und ist daher extrem scheu.

Vögel – in Kulturlandschaft und Siedlungen

Unter dem Einfluß des Menschen unterlagen die Urlandschaften Teneriffas starken Veränderungen. An die Stelle vor allem des Lorbeerwaldes und des wärmeliebenden Buschwaldes traten ausgedehnte landwirtschaftlich als Ackerland oder zur Beweidung mit Ziegen genutzte Flächen. Auf diese Weise sind baumarme bis baumlose offene Landschaften entstanden. In sie konnten Tier- und Pflanzenarten einwandern, die schon zuvor Lichtungen und Waldränder besiedelt hatten. Andere stammen aus dem halboffenen Sukkulentenbusch.

Einer der häufigsten Vögel in diesen Gebieten ist der Kanarengirlitz. Nahezu überall tönt der liebliche Gesang der prächtig gelben Männchen. Weiterhin nutzen Amsel, Rotkehlchen, Zilpzalp, Mönchsgrasmücke, Samtkopfgrasmücke und Blaumeise diese Lebensräume. Turteltaube und Gebirgsstelze laufen über besprengte Zierrasen. Am Himmel kreisen Mäusebussard und Turmfalke und spähen nach möglicher

Der Mäusebussard ist im Flug an seinem relativ kurzen Schwanz erkennbar.

Beute. Einfarbsegler finden Brutplätze in den Siedlungen und jagen Insekten mit schrillen Rufen hoch über den Dächern.

Ausschließlich an die Siedlungen des Menschen sind die Weidensperlinge gebunden, die erst zum Ende des 19. Jahrhunderts Teneriffa erreichten. Erst seit Neuestem sind auch Türkentaube und die Lachtaube eingewandert.

Die Turteltauben sind Zugvögel, die auf Teneriffa brüten und während des Winters nach Afrika ziehen.

Vögel – an der Küste

Die Vielfalt an Kleingetier im felsigen Gezeitenbereich bietet Vögeln während der Ebbezeit ein reiches Nahrungsspektrum. Allerdings handelt es sich bei ihnen nicht um Brut- sondern vor allem um nordeuropäische und sibirische Zugvögel. Regelmäßige Wintergäste sind Watvögel wie Flussuferläufer und Regenbrachvogel sowie kleine Trupps von Sanderlingen und Steinwälzern. Relativ häufig sieht man die weißen Seidenreiher, die man gut an ihren gelben Füßen von den ebenfalls weißen Kuhreihern unterscheiden kann. Als Überwinterer treten größere Schwärme der Brandseeschwalbe auf, die man beim Stoßtauchen nach Kleinfischen vor der Küste beobachten kann. Als einer der wenigen Brutvögel kann der Seeregenpfeifer im Bereich von El Médano vertreten sein. Er errichtet sein Nest am Boden der küstennahen Halbwüste

Die Mittelmeermöwe ist eine gelbbeinige Großmöwe, die an den Küsten Teneriffas häufig ist.

und führt seine Jungen nach deren Schlupf an die hier sandige Küste, wo diese als Nestflüchter ihre Nahrung eigenständig suchen. Die Küstenzone ist auch der Lebensraum der häufigen Mittelmeermöwen, die auf vorgelagerten Felsen brüten.

Blickt man auf das offene Meer, so kann man knapp über der

Der Gelbschnabelsturmtaucher fliegt ganz flach über die Wellen des Meeres. Nur zur Brut kommt er an Land.

Der Regenbrachvogel mit seinem langen gebogenen Schnabel und der Kiebitzregenpfeifer gelangen während des Zuges in ihr Winterquartier an die Küsten Teneriffas.

Wasseroberfläche fliegende, oberseits grau-braun und unterseits weiß gefärbte Vögel beobachten. Sie reiten mit langen Flügeln Wellenberge und -täler geschickt ab. Es sind Gelbschnabelsturmtaucher, die hier *pardelas* genannt werden. Sie fangen ihre aus kleinem Meeresgetier bestehende Nahrung an oder kurz unter der Wasseroberfläche. Obwohl man sie selten beobachten kann, gehören sie zu den häufigsten Meeresvögeln der Kanaren. Während des Winters zieht der Gelbschnabelsturmtaucher vor die Küsten von Südafrika und Südamerika. Nur von Februar bis Oktober hält er sich im Bereich der Kanaren auf, um dort zu brüten. Hierzu legt er ein einziges Ei in selbst gegrabenen Höhlen an der Küste oder auch weiter im Landesinneren in den Felswänden der Barrancos. Nur zur Fütterung erscheinen die Elterntiere in der Dämmerung oder in der Nacht. Dies geschieht unter lautem jammernd-krächzendem Geschrei. Der Barranco del Infierno hat deswegen seinen Namen „Höllenschlucht" erhalten. Gelbschnabelsturmtaucher

Auch der Flussuferläufer ist ein Wintergast aus dem Norden.

waren auf den Kanaren lange Zeit gefährdet, weil ihre sehr fetthaltigen Jungen den Nestern entnommen und beispielsweise etwa als „Pardela in Honig" verzehrt wurden.

Der Kanarienvogel

Die Kanarischen Inseln waren noch lange nicht so bekannt wie heute, als ein echter Kanarier in Europa bereits weit verbreitet war, nämlich der Kanarengirlitz. Niemand weiß, ob schon die Ureinwohner sich an seinem Gesang erfreuten. Auf jeden Fall ist jedoch sicher, dass er in großer Zahl bereits Ende des 15. Jahrhunderts von den Spaniern nach Europa gebracht wurde. Um den steigenden Bedarf an diesem beliebten Vogel zu decken, begannen Mönche in verschiedenen spanischen Klöstern, die sangesfreudigen Tiere zu züchten. Der Verkauf entwickelte sich schnell zu einem großen Geschäft. Um das Handelsmonopol zu sichern, wurden jedoch nur Männchen veräußert. Dies änderte sich allerdings, als um 1550 italienische Züchter in den Besitz von Weibchen gelangten. Ein wichtiges Zentrum für die Aufzucht von Kanarienvögeln war um 1600 das Land Tirol, von wo die Vögel über ganz Europa verbreitet wurden. Papageno, der Vogelfänger aus Mozarts Arie „der Vogelfänger bin ich ja" aus der „Zauberflöte", gibt ein gutes Bild davon, wie die „Vogelträger" ihre Vögel transportierten: zu Fuß mit großen Stapeln von Käfigen in auf dem Rücken getragenen „Vogelkraxen" mit dem Leitspruch

Gelbe Vögel trag'ich aus,
Gold'ne Vögel bring' ich z' Haus".

Obwohl bereits der Schweizer Naturforscher Conrad Gessner (1516-1565) in seiner „Historia Animalium" den Kanarengirlitz wegen seiner Vorliebe für Süsses als „Zuckervögelchen" beschrieb, war das Wissen über dessen Herkunft bald verloren gegangen. Erst Alexander von Humboldt macht es 1799 während seines Aufenthaltes auf Teneriffa wieder bewusst, indem er den wilden Kanarengirlitz als die Ausgangsart erkannte.

Auf Teneriffa wird man nahezu überall vom Gesang der auf hohen Zweigen sitzenden wilden Kanarengirlitze begleitet. Es sind die Männchen, die satt gelb an Kopf, Hals, Brust und Bauch gefärbt sind. Ihre Kehle ist beim Singen aufgebläht und ihr Kopf wird immer wieder in eine andere Richtung gereckt, um den Gesang

Die Männchen des Kanarengirlitzes bewachen ihre Brutreviere.

überall hin schallen zu lassen. So sollen weibliche Partner angelockt und Rivalen verdrängt werden. Erblickt der Hahn eines der weitaus unscheinbareren Weibchen, vollzieht er singend einen Balzflug. Die wilden Kanarengirlitze leben in Einehe und bauen ihre Nester in Bäumen. Verantwortlich hierfür ist das Weibchen, das währenddessen von seinem Partner gefüttert wird. Nachdem drei bis fünf Eier erbrütet sind, sorgen beide Eltern für die Jungen.

Ein Weibchen des Kanarengirlitzes baut sein Nest in einem Feigenbaum.

Eine Gesangseinheit des wilden Kanarienvogels dauert bis zu 25 Sekunden und besteht aus einer großen Zahl von Silben, die teilweise wiederholt werden. Ihre Anordnung wechselt von Gesang zu Gesang. Auf diese Weise wird das akustische Repertoire vergrößert und eine, andere Vogelarten weit übertreffende Sangesvielfalt erreicht. Schnelle, in der Frequenz modulierte Silben sind besonders zur Brutzeit zu hören und haben als „sexy Silben" Einfluss auf die Paarungsbereitschaft der Weibchen.

Durch ständige Auswahl bestimmter Sangesabschnitte des wilden Kanarengirlitzes wurden die heute bekannten Gesänge der Kanarienvögel entwickelt. Dabei können andere Männchen als Vorsänger dienen. Wie ihre wilden Vorfahren sind die Kanarienvögel in der Lage, ihr ganzes Leben lang neue Strophen zu erlernen, die sie nicht wieder vergessen. Im Vergleich zum wilden Kanarengirlitz ist das Silbenrepertoire seines domestizierten Verwandten, des Kanarienvogels, kleiner, jedoch zeichnet er sich durch die häufigere Wiederholung von Silben aus. Hieraus ist der Schluss zu ziehen, dass die Ohren der menschlichen Züchter weniger die Sangesvielfalt als die häufige Wiederholung einer einzigen Silbe attraktiv fanden. Ein weltberühmtes Endprodukt derartiger Zuchtbemühungen ist der sogenannte Harzer Roller.

Kanarengirlitz beim Naschen an der Frucht einer Opuntie

Blumenvögel – auf den Geschmack gekommen

Auf Grund seines Zuckergehaltes ist der Nektar der Blütenpflanzen eine süße Versuchung. Dies gilt nicht nur für Insekten, sondern auch für Vögel. Etliche Pflanzenarten sind durch ihren Blütenbau darauf spezialisiert, ausschließlich Vögel als Besucher zu empfangen, die sich wiederum durch die lang gestreckte Form ihrer Schnäbel und Zungen dem Bau dieser Blüten angepasst haben. In Amerika sind dies die Kolibris, in Afrika, Asien und Australien treten Nektarvögel und Honigfresser an ihre Stelle. Derartige wechselseitige Anpassungen zwischen Blüten und Vögeln finden sich in Europa und Nordafrika nicht. Hier gibt es keine einzige Vogelart, die man beim Blütenbesuch beobachten könnte. Erstaunlich ist jedoch die Situation auf Teneriffa, wo eine ganze Reihe von Vogelarten wie Zilpzalp, Samtkopf- und Brillengrasmücke sowie Blaumeise den Genuss von Nektar in ihren Speiseplan einbezogen haben. Man kann sie beim Naschen

Ein Zilpzalp trinkt Nektar aus der Blüte der Verkahlten Braunwurz.

in den unterschiedlich großen und verschieden geformten Blüten von Kanaren-Glockenblume, Einfachem Natternkopf, Kanarischem Fingerhut, Kanarischer Buschmalve oder Verkahlter Braunwurz beobachten.

Alles dies sind Vögel, die keine speziellen Anpassungen an den Blütenbesuch in Form langer Schnäbel und Zungen zur Nektaraufnahme besitzen und deren nahe Verwandte in Europa auch keinen Nektar aufnehmen. Es wird angenommen, dass durch die geringere Artenzahl blütenbesuchender Insekten ein Überschuss an süßem Nektar besteht. Die Honigbiene fehlte beispielsweise ursprünglich gänzlich, von etwa 30 europäischen Hummelarten gelang es nur der Erdhummel, Teneriffa zu besiedeln, und auch andere Wildbienenarten vermochten nur in begrenzter Zahl Fuß zu fassen. Die genannten Vögel

Blaumeise beim Naschen von Nektar an Aloe

nutzen, obwohl nicht speziell angepasst, ein verlockend süßes Angebot zusätzlich zu ihren sonstigen Nahrungsquellen. So ist auch zu erklären, dass auf den Kanaren neu entstandene endemische Pflanzenarten wie der Einfache Natternkopf oder auch die erst vom Menschen eingeführte Aloe in das Nahrungsspektrum dieser Arten einbezogen werden. Aus biochemischen Untersuchungen des Zuckergehaltes des Blütennektars konnte zudem geschlossen werden, dass möglicherweise auch seitens der Pflanzen bereits Anpassungen an den Vogelbesuch erfolgt sind. So fanden sich bei von Vögeln besuchten Pflanzen vermehrt von diesen besser verdaubare Einfachzucker, bei von Insekten besuchten dagegen Doppelzucker im Nektar.

Wie diese Vogelarten verhält sich interessanterweise auch die Kanareneidechse. Sie erklimmt Pflanzen wie beispielsweise Verkahlte Braunwurz, Wilpret-Natternkopf oder Teide-Rauke, um den Nektar mit ihrer langen Zunge aus den Blüten zu lecken oder gleich die ganze Blüte zu verschlingen. Ganz allgemein kann dieses bei einigen Vogelarten und der Eidechse beobachtete Verhalten als ein erster Schritt zur Bildung eigener neuer Arten gewertet werden.

Mit langer roter Zunge leckt eine Kanareneidechse den Nektar in den Blüten der Verkahlten Braunwurz.

Gefährdung und Schutz

Feindliche Übernahme

Lange nachdem vor vielen Millionen Jahren die Evolution von Tieren und Pflanzen der Kanarischen Inseln begonnen hatte, besiedelten vor erst etwa 2500 Jahren zum ersten Mal Menschen die Inseln. Dies war ein erster tiefer Einschnitt in die bestehenden Lebensgemeinschaften, der eine lange Phase ungestörter Evolution beendete. Einige der auf den Kanarischen Inseln heimischen Arten wurden von den Ureinwohnern als Nahrung erbeutet oder durch die von ihnen mitgebrachten Hunde und Katzen dezimiert. Andere waren fortan der Nahrungskonkurrenz und den

Mittelmeer-Laubfrosch

Die Landschaft um Vilaflor ist prächtig gefärbt, wenn der Kalifornische Schlafmohn blüht.

Folgen der Beweidung durch die zur selben Zeit eingeführten Ziegen, Schafe und Schweine ausgesetzt. Großer Schaden dürfte auch durch die bereits sehr frühzeitig unbeabsichtigt eingeschleppte Hausratte entstanden sein. Sie kam als Schiffsgast auf die Kanarischen Inseln, wo sie im Gegensatz zum kälteren Nordeuropa nicht nur im Schutz warmer Häuser zu überleben vermag, sondern auch die freie Landschaft besiedelt. Sie wird daher auf den Kanaren auch als Feldratte bezeichnet und richtet immensen Schaden an. Ratten wurden auch auf anderen ozeanischen Inseln eingeschleppt und sind für die Ausrottung vor allem von flugunfähigen Vogelarten verantwortlich.

Mit der im 15. Jahrhundert beginnenden Eroberung der Kanarischen Inseln durch die Spanier nahmen die durch den Menschen ausgelösten negativen Einflüsse dramatisch zu und bis heute setzt sich das Aussterben seltener Arten fort. So endete das Brutvorkommen der ursprünglich häufig vorkommenden Rotmilane und Schmutzgeier auf Teneriffa in der zweiten Hälfte des 20. Jahrhunderts.

Die eingeschleppte Kairo-Prunkwinde ist verwildert und überall anzutreffen.

Man kann vermuten, dass viele weniger auffällige Arten ausstarben, ohne dass es überhaupt bemerkt wurde. Eine große Rolle spielt dabei die durch die Einführung fremder Tiere und Pflanzen verursachte Faunen- und Florenverfälschung. Gerade das milde Klima der Kanarischen Inseln verführte dazu, Arten aus wärmeren Regionen der Erde anzusiedeln. Die eingeschleppten Arten vermehren

Die aus Südamerika stammende Große Kapuzinerkresse kann unter den heimischen Pflanzen sogar die Kanarische Dattelpalme überwuchern.

sich massenhaft aufgrund fehlender Feinde und werden zur Gefahr. Diese sogenannten Invasoren treten oft flächendeckend auf und nehmen den heimischen Arten den Lebensraum. Man kann dies am Beispiel der auf Teneriffa so typisch erscheinenden Amerikanischen Agave und der verschiedenen Feigenkaktusarten genauso beobachten, wie an dem aus dem Südwesten Nordamerikas stammenden Kalifornischen Schlafmohn, der südamerikanischen Kapuzinerkresse oder dem südafrikanischen Nickenden Sauerklee. Nachhaltig schädigend wirkt sich der Fraß des zum Zwecke der Jagd eingeführten, ursprünglich nur auf der iberischen Halbinsel und in Südfrankreich heimischen Wildkaninchens auf die Pflanzenwelt aus. Es tritt überall in Massen auf und nur durch engmaschige und tief in den Boden reichende Drahtzäune kann in den Cañadas stellenweise die ungestörte Entwicklung der charakteristischen Pflanzengesellschaften ermöglicht werden. Sehr häufig ist auch der gleichfalls nicht heimische Mittelmeer-Laubfrosch vertreten, dessen lautstarke Chöre in den Wasserzisternen der Bananenplantagen die Frühlingsabende im Orotavatal erfüllen. Er wurde genauso wie ein anderer Lurch, der südeuropäische Iberische Wasserfrosch, vom Menschen auf Teneriffa angesiedelt. Unbekannt ist die Auswirkung dieser beiden Arten auf die ihnen als Nahrung dienende heimische kanarische Insektenwelt. Im Teide-Nationalpark wurde der europäische Mufflon als Jagdwild in den Cañadas eingebürgert.

Auch der Nickende Sauerklee ist eine weit verbreitete invasive Pflanze, die ursprünglich aus Südafrika stammt.

Nutzpflanzen

Neben der unbeabsichtigten Verdrängung von Arten spielt vor allem auch die Landwirtschaft eine große Rolle bei der Gefährdung der einzigartigen Flora und Fauna Teneriffas. Ausgedehnte natürliche Lebensräume wurden hierdurch zerstört. Insbesondere der Betrieb von Monokulturen einzelner Nutzpflanzen durchzieht die landwirtschaftliche Entwicklung Teneriffas über die Jahrhunderte. Dies begann bereits im 15. Jahrhundert durch den Anbau von Zuckerrohr. Es folgte die Kultivierung des aus Amerika eingeführten Echten Feigenkaktus, an dem die Cochenille-Läuse zur Gewinnung des Karmins gezüchtet wurden. Neben Gold und Silber war dieser organische Farbstoff für Spanien zeitweise das wichtigste Handelsprodukt. Das Zuckerrohr verschwand vollständig, nachdem es mit Sklaven billiger in der Karibik und in Amerika angebaut und verarbeitet werden konnte. Der Echte Feigenkaktus verlor seine Bedeutung, als es gelang, künstliche Farbstoffe herzustellen. Die hoch invasive Pflanze selbst verwilderte und verdrängt allerorten heimische Arten. Große Flächen des Sukkulentenbusches auf der Nord- und auf der Südseite der Insel sind heute überzogen mit Gewächshäusern, die aus langen schmucklosen Plastikbahnen errichtet werden. Sie schützen große Plantagen der für den Export in die EU subventionierten Bananen- und zum geringeren Tomatenpflanzen.

Die spanischen Eroberer brachten die Weinrebe bereits im 15. Jahrhundert nach Teneriffa, wo sie bis heute in großem Umfang kultiviert wird. Der Wein wurde ursprünglich aus der Malvasierrebe gewonnen und als Malmsey vor allem nach England exportiert. Dort stand er hoch im Kurs und findet sogar in den Dramen Shakespeares Erwähnung. Als von Humboldt 1799 begeistert über das Orotavatal blickte, war dieses großflächig mit Weinstöcken dieser Rebe überzogen. Klima und Lavaböden geben dem Wein ein besonderes Aroma. Der Anbau erfolgt an den Hängen von 50 bis in über 1000 Meter Höhe und steht in den höheren Lagen teils am ursprünglichen Standort der Lorbeerwälder. Der Export des Weines erfolgte zunächst hauptsächlich über Garachico. Als jedoch im Jahr 1706 glühende Lavamassen des Vulkans Moñtana de Trebejo den Hafen der Stadt verschütteten, übernahmen Puerto de la Cruz und Santa Cruz diese Funktion.

Das größte Weinanbaugebiet der Insel liegt im Norden Teneriffas. Es

Weinanbau im Orotavatal

*Mandelbaum-
blüte*

erstreckt sich zwischen Anagagebirge, Santa Úrsula (Tacoronte-Acentejo)
über das Orotavatal bis nach Icod de
los Vinos. Anbau und Pflege der Wein-
reben erfolgt auch heute vielfach noch
traditionsreich nach regional unterschiedlichen Methoden. Als Besonderheit liegen in dieser Region die Zweige
der Rebstöcke auf etwa 50 Zentimeter
über dem Boden stehenden Tragge-
rüsten, die klassischerweise aus den
Ästen der Baumheide errichtet werden. Nach der Ernte im September
und Oktober werden die Weinranken
während des Winters auf den Boden
gelegt, um erst im Juni wieder auf den
Gerüsten befestigt zu werden. Allerdings setzt sich auch hier allmählich

der weniger arbeitsaufwendige Anbau
an Spalieren durch.

Die Spanier brachten auch den ursprünglich aus Südwestasien stammenden Mandelbaum mit, der im großen Stil angepflanzt wurde. Allerorten
verzieren im Frühjahr die Blüten die
Landschaft mit prächtigen Farbtup-
fern. Besonders im Westen Teneriffas
zwischen Santiago del Teide und Guía
de Isora ist die Landschaft von Januar
bis März mit blühenden Mandelbäu-
men großflächig rosarot und weiß
überzogen. Die Mandeln sind Teil vieler kulinarischer kanarischer Köstlich-
keiten, beispielsweise des bekannten
süßen Desserts *Bienmesabe*. Eingeführt wurde auch die südeuropäische Esskastanie, die im Winter in
der immergrünen Umgebung Teneriff-
fas infolge des herbstlichen Blattfalls
als kahler Baum auffällt. Sie wird im
Norden der Insel in großen Beständen kultiviert. Hier stehen etliche sehr
alte, malerisch gewachsene Bäume
wie *El Castaño de Siete Pernadas* bei
Aguamansa mit zwölf Meter Umfang
und über 20 Meter Höhe. Die Früchte
der Esskastanie sind unverzichtbarer
Teil der kanarischen Küche.

*Die Nisperos genannten
schmackhaften Früchte der
Japanischen Wollmispel*

Exotisches – Lampenputzer, Weihnachtssterne, Papageien

Das milde Klima der Kanaren war schon frühzeitig ein Anlass, tropische Nutz- und Zierpflanzen einzuführen. Bereits 1788 befahl Karl III. von Spanien die Anlage des Botanischen Gartens, des *Jardín de Aclimatación de La Orotava*, im heutigen Puerto de la Cruz. Die Idee war, hier verschiedene Nutzpflanzen aus den Kolonien an die klimatischen Verhältnisse des spanischen Festlandes zu gewöhnen. Dies war jedoch von vornherein zum Scheitern verurteilt, da die Pflanzenarten aufgrund ihrer genetischen Festlegung an spezielle Umweltverhältnisse angepasst sind. Eine Umgewöhnung an andere Umweltbedingungen könnte nur durch gezielte längjährige Züchtung und allenfalls in geringem Maße erreicht werden. Trotz alledem zählt der *Botánico* auf Grund seines Alters und der Vielzahl von Pflanzen aus aller Welt zu den wertvollen Sehenswürdigkeiten Teneriffas.

Aber auch außerhalb des botanischen Gartens gibt eine Fülle von exotischen Zierpflanzen Teneriffa ein tropisches Gepräge. Die gerade von den Besuchern heute vorwiegend in den touristischen Siedlungen bewunderte Blütenpracht ist in der Regel nicht kanarischen Ursprungs. Dies gilt beispielsweise für die aus Südamerika stammenden Bougainvilleen und den im tropischen Asien heimischen Chinesischen Roseneibisch genauso wie für den australischen Rutenförmigen Zylinderputzer oder die südafrikanischen Paradiesvogelblumen. Auch der allerorten blühende Weihnachtsstern stammt ursprünglich von weither aus Mexiko.

Nicht zuletzt sind verschiedene tropische Vogelarten der Gefangenschaft entwichen und leben nun in einigen der größeren Ortschaften, die ihnen gute Lebensbedingungen bieten. Papageienvögel wie die südamerikanischen Mönchs- und Nandaysittiche sowie der in Afrika und Asien beheimatete Halsbandsittich haben sich hier als Brutvögel angesiedelt.

Die Paradiesvogelblume stammt ursprünglich aus Südafrika.

Schutzgebiete

Zusätzlich zu den bereits in der Vergangenheit erfolgten Beeinträchtigungen ist weiterer massiver Druck auf Flora und Fauna in der Gegenwart erfolgt. Nähert man sich Teneriffa zu Wasser oder in der Luft, so vermittelt der bis über die Wolken ragende 3718 Meter hohe Teide einen grandiosen Anblick und lässt das Herz des Besuchers höher schlagen. Auf dem Boden angekommen stellt sich jedoch zunächst Ernüchterung ein. Über eine dicht befahrene Autobahn geht es in den geplanten Aufenthaltsort. Links und rechts erstreckt sich im Süden der Insel eine dem Mitteleuropäer fremde Landschaft, deren wüstenartiger Charakter durch das anstehende nackte vulkanische Gestein noch verstärkt wird. Kein Wäldchen schirmt die Sicht auf die Spuren menschlicher

Die Schutzgebiete auf Teneriffa. Zur Orientierung sind einige Gebiete benannt, deren Nummern den vorgeschlagenen Wanderungen ab S. 116 entsprechen. (Verändert nach Karte in http://www.gobcan.es/cmayot/ espaciosnaturales/)

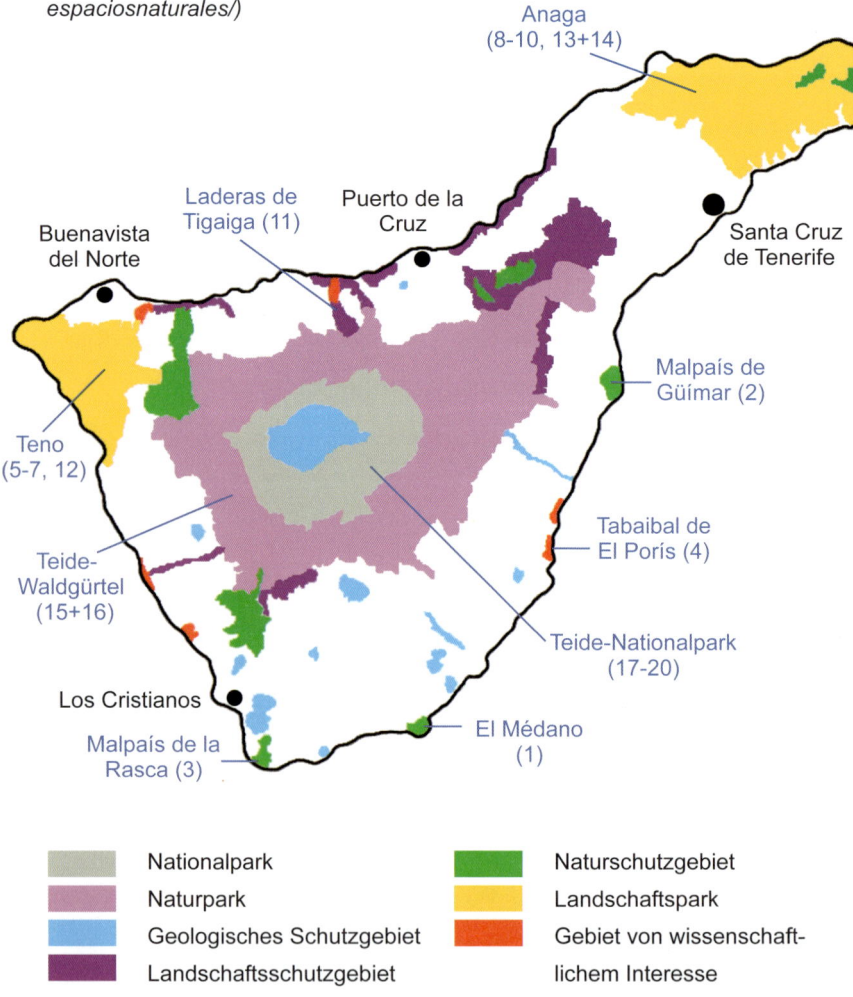

Anaga (8-10, 13+14)

Laderas de Tigaiga (11)

Puerto de la Cruz

Buenavista del Norte

Santa Cruz de Tenerife

Malpaís de Güímar (2)

Teno (5-7, 12)

Tabaibal de El Porís (4)

Teide-Waldgürtel (15+16)

Teide-Nationalpark (17-20)

Los Cristianos

El Médano (1)

Malpaís de la Rasca (3)

	Nationalpark		Naturschutzgebiet
	Naturpark		Landschaftspark
	Geologisches Schutzgebiet		Gebiet von wissenschaft-
	Landschaftsschutzgebiet		lichem Interesse

Als rosa Tupfer zieren die wunderschönen Blüten der Beinwellblättrigen Zistrose den Teide-Waldgürtel.

Nutzung milde ab. Industrieanlagen nutzen die küstennahe Zone. Verfallene Reste aufgegebener oder auch noch funktionsfähiger Bananen- oder Tomatenplantagen durchsetzen die Landschaft. Mit riesige Flächen überdeckende Plastikplanen werden sie gegen den salzigen Seewind geschützt. Umfangreiche Siedlungsbereiche überziehen Bienenwaben gleich die der Sonne zugewandten Hänge und küstennahen Gebiete. Die registrierte Einwohnerzahl Teneriffas erreicht inzwischen eine Million. Hinzu kommt die noch weitaus größere Zahl touristischer Besucher. Die Bevölkerungsdichte Teneriffas ist daher mindestens doppelt so hoch wie die Deutschlands. Die Siedlungen konzentrieren sich küstennah im Raum der Hauptstadt Santa Cruz und von San Cristóbal de La Laguna sowie im touristischen Süden. Dicht ist auch die Besiedlung großer Teile der Nordseite. Säße Alexander von Humboldt, der Entdecker der Schönheit Teneriffas, heute im *Mirador Humboldt*, er würde auf ein Orotavatal blicken, dessen unterer Teil nahezu geschlossen bebaut ist und in dem nur schwer noch das „harmonische Gemälde" zu erkennen ist, von dem er so ergriffen war.

Trotz aller historischen und heutigen menschlichen Einflüsse konnten sich jedoch viele ursprüngliche Teile der Natur erhalten. Ihre Rettung ergibt sich vor allem aus der Siedlungskonzentration an der Küste, wodurch das Innere der Insel weitestgehend verschont geblieben ist. Drei große Schutzgebiete stellen das Rückgrat des Naturschutzes auf Teneriffa dar, der Teide-Nationalpark (*Parque Nacional del Teide*, 18 990 ha) sowie die Landschaftsparks (*Parque Rural*) Anaga im Nordosten (14 418 ha) und Teno im Nordwesten (8064 ha). Daneben gibt es eine Reihe weiterer, bis auf den Naturpark Teide-Waldgürtel (*Corona Forestal* 50 000 ha), kleinräumigerer Schutzgebiete unterschiedlicher Schutzkategorien: Naturschutzgebiet (*Reserva Natural Integral* sowie *Especial*), Geologisches Schutzgebiet (*Monumento Natural*), Landschaftsschutzgebiet (*Paisaje Protegido*) und Gebiet von wissenschaftlichem Interesse (*Sitio de Interés Científico*).

Wanderungen und Ausflugstipps

Im Folgenden finden sich Vorschläge, mit Hilfe derer es möglich ist, einige der biologisch wichtigsten Ziele Teneriffas zu besuchen. Zur Orientierung dient die Karte auf S. 114. Außerdem sind wichtige Wegpunkte durch geografische Positionen in Breiten- und Längengraden angegeben.

Halbwüste und Sukkulentenbusch

1. El Médano
Einziges der Winddynamik ausgesetztes, aus hellen Karbonatsanden bestehendes Dünenfeld auf Teneriffa, Sandstrand, Felswatt mit Gezeitentümpeln, marin-terrestrische Vegetationszonierung von sandiger bzw. felsiger Küste bis in die Höhe des Vulkans Montaña Roja (171 m), fossile Dünen sowie Sandverfestigungen durch pflanzliche Wurzelexsudation. Vom Montaña Roja eindrucksvolles Panorama auf die Bucht von El Médano, den Teide und den Roque del Conde. Schutzstatus: Naturschutzgebiet. Gekennzeichnete Wege beginnen am Parkplatz an der Landstraße TF-643 (Position: 28.0380°N, -16.5481°E).

2. Vulkan und Malpaís de Güímar
Marin-terrestrischer Übergangsbereich mit deutlicher Vegetationszonierung in einem jungen Lavafeld (ca. 10 000 Jahre), küstenfern ein mit Flugsand aus vulkanischem Material überwehter Lockerbodenbiotop, Felswatt mit Gezeitentümpeln. Schutzstatus: Naturschutzgebiet. Gekennzeichneter Rundweg beginnt am Ortsrand von Puerto de Güímar (Position: 28.2985°N, -16.3710°E). Link: http://www.guimar.es/senderos/paginas/docs/DE/malpaisale_DE.pdf (deutsche Info-Broschüre mit Wegekarte)

3. Malpaís de la Rasca
Marin-terrestrischer Übergangsbereich mit deutlicher Vegetationszonierung hinauf zu vier Vulkankegeln (am höchsten Montaña Gorda 153 m), Steilküsten und Felswatt mit Gezeitentümpeln, Vorkommen des Mittelmeer-Raubwürgers, Gebiet liegt im äußersten Südwesten. Schutzstatus: Naturschutzgebiet. Gekennzeichneter Rundweg beginnt am Ortseingang Palm-Mar neben der Avenida el Palm-Mar (Position: 28.0250°N, -16.6902°E). Link: http://www.rutasdetenerife.com/rasca.php (spanisch, mit Wegekarte)

4. Tabaibal del Porís
Steilküste mit bizarren vulkanischen Formationen, Vegetation durch Wind und Meersalz geprägt. Schutzstatus: Gebiet von wissenschaftlichem Interesse. Zufahrt über TF-626. Gekennzeichnete Wanderwege beginnen am Ortsrand von El Porís (Position: 28.1683°N, -16.4269°E). Link: http://www.andarines.com/canarias/poris/poris.htm (spanisch mit Wegekarte)

5. Teno Bajo (Parque Rural de Teno)
Durch Flankenabbruch des Tenogebirges entstandene Ebene, begrenzt durch

die Steilhänge der Acantilados de la Monja. Vorkommen salzliebender und salzertragender Pflanzen mit vielen Endemismen, Vogelbeobachtungspunkte Punta del Fraile und Punta del Teno. Schutzstatus: Landschaftspark. Zufahrt über TF-445 bei Buenavista del Norte, wegen Steinschlaggefahr nur bei guter Wetterlage gefahrlos (Position: 28.3633°N, -16.8761°E). Ersatzweise Küste bei Buenavista aufsuchen. Link: http://www.gobiernodecanarias.org/educacion/dgoie/publicace/docsup/Acantilados_LaMonja-TenoBajo.pdf (spanisch, mit Pflanzenzeichnungen)

Lorbeer- und Baumheidebuschwald

6. Monte del Agua (Parque Rural de Teno)
Einer der am besten erhaltenen Lorbeerwälder Teneriffas. Schutzstatus: Landschaftspark. Erwanderung über einen das Gebiet querenden Forstweg (10 km) von der Plaza in Erjos (TF-82, Position: 28.3280°N, -16.8052°E) nach Las Portelas (TF-436, Position: 28.3289°N, -16.8433°E) oder umgekehrt. Er führt zunächst durch Kulturland mit breiten bunten Wegrändern, danach durch Baumheidebuschwald und schließlich in den Lorbeerwald. Drei in größeren Abständen seitlich des Weges aufragende Felsen bieten Panorama und Beobachtungsmöglichkeit von Lorbeertauben und Greifvögeln. Information und Wegekarten erhältlich im Besucherzentrum *Los Pedregales* in El Palmar.

7. Teno Alto (Parque Rural de Teno)
Etwa 800 m hoch gelegenes extensives Weideland mit Barrancos, in Hanglage Baumheide- und thermophiler Buschwald in Wiederentwicklung. Schutzstatus: Landschaftspark. Ausgangsort El Palmar (TF-346) über Wanderweg oder im Auto bis zum Dörfchen Teno Alto (Position: 28.3450°N -16.8821°E). Von hier Wanderweg über die Hochfläche bis zum Mirador am Abstieg nach Teno Bajo. Information und Wegekarten erhältlich im Besucherzentrum *Los Pedregales* in El Palmar.

8. Chinamada (Parque Rural de Anaga)
Lorbeer- und Baumheidebuschwald, artenreiche Felsflora, hohe Dichte des Rotkehlchens. Schutzstatus: Landschaftspark. Genauere Information in Faltblatt „Selbstgeführter Wanderweg: Cruz del Carmen-Punta del Hidalgo", erhältlich im *Centro de Visitantes Cruz del Carmen*. Beginn der Wanderung am Ortseingang von Chinamada (Ende TF-145, Position: 28.5612°N -16.2882°E) in Richtung Cruz del Carmen über den im Faltblatt fein linierten Wanderweg bis *Degollada de las Escaleras* (Position: 28.5474°N, -16.2791°E). Hier kann man umkehren und zurückgehen oder Richtung Las Carboneras absteigen, um auf der TF-145 zurück nach Chinamada zu gelangen.

9. Las Vueltas (Parque Rural de Anaga)
Lorbeerwald mit Farnen und Lianen. Schutzstatus: Landschaftspark. Entspricht dem serpentinenreichen Teilstück „*Las Vueltas*", Wegpunkte 9 bis 7 des Faltblattes „Selbstgeführter Wanderweg: Afur-Taganana-Afur", erhältlich im *Centro de Visitantes Cruz del Carmen*. Beginn der Wanderung an *Casa Forestal* (Forsthaus) direkt neben TF-12 (Position: 28.5418°N, -16.2290°E).

10. Chamorga (Parque Rural de Anaga)
Sukkulentenbusch, Baumheidebuschwald, artenreiche Felsflora, Einfache Natternzunge. Schutzstatus: Landschaftspark. Beginn der Wanderung in Chamorga (Ende TF-123, Position: 28.5701°N, -16.1592°E), entspricht dem Teilstück Chamorga - *Casas de Tafada - El Faro* im Faltblatt „Selbstgeführter Wanderweg: Punta de Anaga", erhältlich im *Centro de Visitantes Cruz del Carmen*.

11. Laderas de Tigaiga

Isolierter Lorbeerwaldrest, Übergangszone des Lorbeerwaldes in den Kiefernwald. Schutzstatus: Landschaftsschutzgebiet. Ausgangspunkt für Wanderungen: *Zona Recreativa Chanajiga* (Position: 28.3441°N, -16.5846°E), zu erreichen über TF-326 (in Palo Blanco nach Las Llanadas abbiegen, Ausschilderung folgen).

Barrancos

12. Barranco de Masca (Parque Rural de Teno)

Geologisch und botanisch eindrucksvollster Barranco mit vielen endemischen Pflanzenarten. Schutzstatus: Landschaftspark. Starker Besucherandrang. Start im kleinen Ort Masca, Abstieg zur Küste, von dort Möglichkeit mit Bootstransfer nach Los Gigantes.

13. Barranco de Afur (Parque Rural de Anaga)

Barranco mit ständiger Wasserführung, kleinen Wasserfällen, Fließ- und Stillwasserlebensräumen, reich entwickelte Felsflora und Wiederentwicklung von thermophilem Buschwald mit Kanaren-Wacholder. Entspricht dem Teilstück „Plaza de Afur bis Playa de Tamadiste", Wegpunkte 1 bis 4 des Faltblattes „Selbstgeführter Wanderweg: Afur – Taganana – Afur", erhältlich im *Centro de Visitantes Cruz del Carmen*. Anfang der Wanderung auf der Plaza von Afur (Ende TF-136, Position: 28.5557°N, -16.2483°E).

14. Barranco de Igueste de San Andrés

Geologisch, geomorphologisch und botanisch eindrucksvoller Barranco mit verschiedenen Seitentälern, führt meist wenig Wasser (Position: 28.5428°N, -16.1609°E). Das Tal des Barrancos verläuft von der Mündung ins Meer unterhalb der Ortschaft Igueste de San Andres durch den Sukkulentenbusch bis in den Baumheidebuschwald. Artenreiche Felswandflora, Drachenbaumbestände an den seitlichen Hängen. Befahrbare Asphaltstraße beginnt in Igueste (Position: 28.5289°N, -16.1573°E) und führt durch biologisch interessante Abschnitte weit im Barranco aufwärts. An ihrem Ende beginnt der eigentliche Fußwanderweg (Position: 28.5315°N, -16.1569°E). Bei Position 28.5502°N, -16.1731°E stehen Häuser, dort umkehren oder weiter bis Position: 28.5500°N, -16.1745°E, links abbiegen und über anstrengenden Rundweg zurückkehren.

Kiefernwald

15. Las Lajas und Umgebung

Kiefernwald mit charakteristischer Vogelwelt (Teidefink, Buntspecht). Schutzstatus: Naturpark. Zum Teil im oberen Grenzbereich des Kiefernwaldes gelegen, 2012 vom Feuer durchlaufen. Besteigung einer in Verlängerung des Zufahrtsweges gelegenen Anhöhe wird empfohlen. Der Picknick-Bereich (*Zona Recreativa Las Lajas)* liegt direkt neben der TF-21 zwischen Boca del Tauce und Vilaflor (Position: 28.1914°N, -16.6654°E).

16. Wanderung zur Paisaje Lunar

Der Weg nach der durch Erosion gebildeten Gesteinsformation führt durch jüngere Kiefernwaldbestände mit blühendem Unterwuchs. Schutzstatus: Naturpark. Abfahrt von TF-21 in seitlichen Forstweg nahe Vilaflor (Position: 28.1653°N, -16.6344°E). Beginn der Wanderung bei gekennzeichnetem Wanderweg nach 4 km (Position: 28.1702°N, -16.6132°E) oder 7 km (Position: 28.1728°N, -16.6016°E).

Teide Nationalpark

17. La Fortaleza
Eindrucksvolle Felsformation mit großen Beständen des Wildpret-Natternkopfs und vielen anderen endemischen Pflanzenarten der Cañadas. Aufgrund der Höhenlage Hauptblütezeit erst Mitte Mai bis Ende Juni. Beginn der Wanderung am Besucherzentrum El Portillo (*Centro de Visitantes del Portillo*). Hier ist ein Faltblatt mit Karte erhältlich.

18. Montaña Blanca
Durch jungen Vulkanismus geprägter Landschaftsteil der Cañadas, Teide-Eier, Vorkommen von Teide-Veilchen und Auber-Natternkopf. Beginn des Aufstiegs an kleinem Parkplatz neben TF-21 zwischen *Minas de San José* und Talstation der Seilbahn (wenig Parkmöglichkeit). Faltblatt mit Karte in den Besucherzentren (*Centro de Visitantes*) erhältlich.

19. Los Roques de García
Bizarre Felsformationen, Rundweg führt durch die Vielfalt der Pflanzenwelt der Cañadas. Beginn der Wanderung nahe dem Besucherzentrum *Centro de Visitantes de Cañada Blanca* am Südrand der Cañadas. Faltblatt mit Karte in den Besucherzentren (*Centro de Visitantes*) erhältlich.

20. Botanischer Garten El Portillo
An das Besucherzentrum in El Portillo ist ein 4 ha großer Botanischer Garten angeschlossen. In ihm wird die Mehrzahl der im Nationalpark beheimateten Pflanzenarten mit Beschriftung gezeigt. Ein kleines Gewässer bietet die Möglichkeit zum Picknick mit Kanareneidechsen und Vogelbeobachtung.

Points of Interest

21. Parque del Drago
In Verbindung mit dem „Tausendjährigen" Drachenbaum in Icod de los Vinos gibt ein Botanischer Garten einen umfassenden Überblick über eine Vielzahl von Pflanzenarten aus allen Lebensräumen Teneriffas. Hier bestehen weiterhin gute Möglichkeiten zur Beobachtung von Kleinvögeln und Schmetterlingen.

22. Botanischer Garten in Puerto de la Cruz
Der vor mehr als 200 Jahren angelegte *Jardín de Aclimatación de La Orotava* zeigt zum Teil uralte Exemplare von tropischen und subtropischen Pflanzen aus aller Welt. Auch hier ist die Beobachtung heimischer Kleinvögel und Schmetterlinge gut möglich.

23. Cueva del Viento
Der unterirdische Komplex der *Cueva del Viento-Sobrado* gehört zu den größten Vulkanröhren der Erde. Er entstand durch die Lavaströme des Pico Viejo. Die Höhle kann besichtigt werden. Informationen erhält man im Besucherzentrum in Icod de los Vinos und auf der Website (www.cuevadelviento.net).

24. Museo de la Naturaleza y el Hombre
Das Museum für Natur und Mensch liegt in Santa Cruz de Tenerife. Öffnungszeiten: Di. bis Sa. 9:00 bis 19:00 Uhr, an einigen Feiertagen geschlossen.

Literatur

Arechavaleta, M., Rodríguez, S., Zurita, N. & García, A. (coord.) 2010: Lista de especies silvestres de Canarias: Hongos, plantas y animals terrestres. 2009. Gobierno de Canarias. 579 pp.

Anguita, F., Márquez, Á., Castineiras, P. & Hernán, F. 2002: Los volcanes de Canarias, guía geológica e itinerarios. Editorial Rueda, S.L., Madrid.

Juan, C., Emerson, B. C., Oromí, P. & Hewitt, G. M. 2000: Colonization and diversification: towards a phylogeographic synthesis for the Canary Islands. Tree 15, pp. 104-109.

Martín, A. y Lorenzo, J. A. 2001: Aves del Archipiélago Canario. Francisco Lemus Editor, La Laguna, Tenerife.

Pott, R., Hüppe, J. & Wildpret de la Torre, W. 2003: Die Kanarischen Inseln, Natur- und Kulturlandschaften. Verlag Eugen Ulmer GmbH & Co Stuttgart

Rando, J. C. 2003: Protagonistas de una catástrofe silenciosa: Los vertebrados extintos de Canarias. El Indiferente 14, pp. 4-15.

Schönfelder, P. und I. 2012: Die Kosmos-Kanarenflora. Franckh-Kosmos-Verlags-GmbH & Co Stuttgart.

Quellennachweis

Zeichnungen der Vögel S. 25, 92, 94, 95: Monika Hänel; Fotos S. 66, 67: Pedro Oromí, S. 25: Ramón Oromí, S. 7 unten: Manuel Rodríguez Jiménez, S. 84 oben: Heidi Reetz; alle übrigen Fotos und Abbildungen: Ulrike Strecker.

Dank

Wir Autoren danken den im Quellennachweis genannten Personen und vielen Freunden und Helfern für ihre Unterstützung, hilfreiche Tipps und Anregungen sowie Heide Filoda und Familie Strecker für das Korrekturlesen. Besonderer Dank gilt Professor Dr. Pedro Oromí (Universität La Laguna) für die Hilfe bei der schwierigen Beschaffung kanarischer Originalliteratur und Manuel Rodríguez Jiménez (El Porís de Abona) für erlebnisreiche und informative Führungen in wertvolle Lebensräume.

Index der deutschen und wissenschaftlichen Namen der Tier- und Pflanzenarten

Im Text dieses Buches werden die Tier- und Pflanzenarten mit deutschem Namen bezeichnet. Um eine genaue Bestimmung zu ermöglichen, sind im Index zusätzlich die wissenschaftlichen Namen aufgeführt. Grundlage sind die Kosmos-Kanarenflora (Schönfelder, P. und I. 2012) und die Lista de especies silvestres de Canarias: Hongos, plantas y animals terrestres (Arechavaleta, M. et al. 2009).

Zur besseren Auffindbarkeit werden in Anlehnung an die Kosmos-Kanarenflora die Artnamen meist mit Bindestrich versehen (z. B. Kanaren-Glockenblume, Teneriffa-Rotkehlchen) und im Index unter dem Stammnamen geführt (z. B. Glockenblume; Rotkehlchen). Werden die Namen ohne Trennstrich aufgeführt, findet sich im Index ein Verweis (z. B. Margerite. Siehe Kanarenmargerite; Girlitz. Siehe Kanarengirlitz). Zur besseren Lesbarkeit werden im Text die Unterarten nicht benannt (z. B. Goldhähnchen statt Kanarengoldhähnchen, Rotkehlchen statt Teneriffa-Rotkehlchen), wohl aber im Index aufgeführt.

Fett gedruckte Seitenzahlen weisen auf Fotos hin.
* bedeutet, Art bzw. Unterart kommt nur auf Teneriffa vor.
** bedeutet, Art bzw. Unterart kommt nur auf den Kanarischen Inseln vor.
† bedeutet, Art ist ausgestorben.

Weitere Bücher

www.naturalanza.com

Lanzarote
Blinde Krebse, Wiedehopfe und Vulkane

Natur-Reiseführer für eine einzigartige Vulkaninsel im Kanarischen Archipel von Horst Wilkens

2. redigierte Auflage 2009
120 Seiten mit 159 Farbfotos und Abbildungen; Taschenbuch
ISBN: 978-3-942999-00-7

Der Autor beschreibt die einzigartige Tier- und Pflanzenwelt der Insel Lanzarote, die sich in eindrucksvoller Art und Weise den bizarren Vulkanlandschaften angepasst hat. Viele der hier lebenden Tiere und Pflanzen kommen ausschließlich auf dieser Insel vor. In diesem reich und eindrucksvoll bebilderten Natur-Reiseführer wird erklärt, warum der blinde und weiße Höhlenkrebs in den *Jameos del Agua* leben kann. Zusätzlich enthält das Buch Vorschläge für Wanderrouten, auf denen man die besonderen Tiere und Pflanzen finden und beobachten kann.

Lanzarote - Leben auf Lava

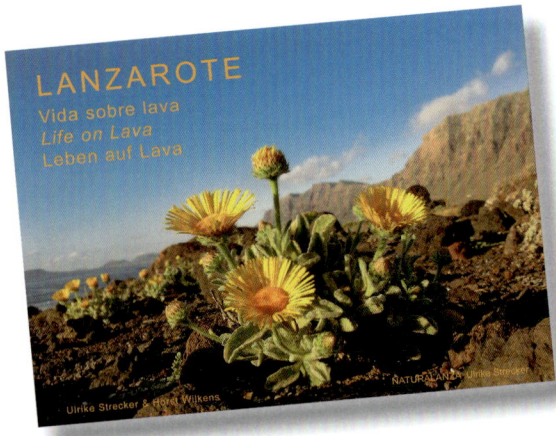

von Ulrike Strecker und Horst Wilkens
1. Auflage 2009
dreisprachig: deutsch, englisch, spanisch
120 Seiten mit mehr als 90 Farbfotos
gebundene Ausgabe
ISBN: 978-3-942999-03-8

Dieses Fotobuch zeigt die eindrucksvollsten Landschaften Lanzarotes sowie die hier lebenden Tiere und Pflanzen.

Die detailreichen Fotos machen den Kontrast zwischen der kargen Umwelt dieser Insel aus Lava und den daran angepassten Tieren und Pflanzen sichtbar. Lanzarote entpuppt sich auch als ein Ort mit überwältigender Blütenpracht. Zudem werden erstmalig Fotos der einzigartigen blinden und bleichen Tierwelt der *Jameos del Agua*, einer der größten Lavaröhren der Welt, veröffentlicht.